打造黃金發育力

掌握發育
關鍵 × 飲食作息
對策 × 生長問題
治療

兒童內分泌專科醫師寫給父母的
全方面生長指南

小禾馨民權小兒專科診所
小兒科專任主治醫師

陳奕成／著

推薦序

　　近二十年來，一方面因為生活水準的提升，一方面因為少子化的緣故，當代台灣地區年輕的父母不像上一代那樣在孩童生病時才去找小兒科醫師，大多平時就很注意小孩子的健康狀況，希望在自己的能力範圍內給予自己的孩子最好的照護使他們能夠健康快樂地成長，如此自我期許也就對自己產生一些無形的壓力。

　　生長是孩童特有的現象，一般男童在9歲至14歲間，女童則於8歲至13歲間進入青春期發育。於此過程中孩童會出現生長衝刺，伴有第二性徵的發育及體內生殖系統的成熟，為孕育下一代作準備。所以，孩童生長與青春期發育就無可避免地成為父母親關注的焦點之一。當父母親覺得孩子的個子不夠高，青春期發育太早或太晚就忐忑不安。此時為人父母者最方便的作法就是上網搜尋相關資料，在網路上此類資料汗牛充棟，隨手可得，但其說法是否正確就不得而知了。其中不乏人云亦云、以訛傳訛的訊息，這些似是而非的資訊若信以為真，可能造成不必要的困擾，亦可能使孩子接受了不必要的治療，甚或濫服成藥，雖然使孩子快速生長，但骨齡進展更快，而影響其成人身高，正應驗了「愛之適足以害之」的古諺，令人扼腕。

　　陳奕成醫師於台大醫學系畢業後在台大小兒部接受完整的住院

醫師及小兒內分泌次專科訓練，因為表現優異而被長庚醫院網羅為小兒部主治醫師，專司兒童內分泌的醫療工作。後因為個人喜歡與孩童父母面對面溝通的氛圍遠勝於單調的實驗室研究工作，所以轉換跑道到小禾馨民權小兒專科診所懸壺濟世。陳醫師喜好寫作，下班後在照顧兩個小孩之餘仍抽空為文回答心情緊張的父母所提的問題。當他告訴我打算將這些作品整理後出書，我也樂觀其成，希望如此將能對心存疑惑而神經緊繃的可憐父母解惑以減緩其不必要的壓力。

本書內容涵蓋了常使父母親困擾的孩童生長問題以及孩童青春期時的性早熟和肥胖問題。有關這些問題如何分辨其是否不正常，醫學上相關檢查的目的與方法及適當的處置等相當專業的知識，陳奕成醫師根據文獻及個人將近十年的行醫經驗，均深入淺出地在本書中加以說明。相信為這些問題所困擾的父母能在本書中找到答案；若覺得還需要兒童內分泌醫師的幫忙時，則由本書中所得到的概念，為人父母者在與醫師溝通時必更能深入地切中問題的核心，進而對孩童的處置作出最適當的決定，而不是不分青紅皂白地一見面就打針吃藥。希望我們的下一代因此可以避免不必要的治療和無謂的精神壓力，快樂健康地成長。所以，本書是值得收藏以供必要時諮詢的育兒寶典。

台大兒童醫院　蔡文友醫師

推薦序
樂高園地裡的守護者

　　奕成是我的大學學弟，也是我在台大兒童內分泌科的夥伴，某一天很突然的，我竟成了他婚禮的介紹人，也就是俗成的媒婆……，嗯，其實當時身心靈還算年輕的我有點不能接受，但是他說：「學姊，我覺得你是我身邊婚姻最幸福的人之一」，於是我被說服了……。然後他以優異的成績從台大兒童醫院畢業，經過長庚醫學中心洗禮之後，出走至小禾馨診所，短短兩三年中這樣的曲折，又讓我感到不解了，他說他想有更多的時間從事兒童成長與內分泌衛教工作，讓更多的民眾能得到正確觀念，而不是從家長群組或網路聽說的揠苗助長偏方，聽著他談他的理想，我又被說服了。沒錯，他就是一位能夠讓你毫無防備，卻能引經據典，淺移默化的讓你瞭解這些知識的善說者。

　　父母對於兒女的關心無微不至，尤其成長更不能輸在起跑點，因此網路以及市面上開始充斥著各式營養補充品廣告，甚至直銷產品也要插上一腳。記憶猶新的十多年前塑化劑風暴，甚至前幾個月擦乳液導致女童性早熟的案例等，都只是冰山一角，隨著新聞的熱度淡去，健忘的我們又開始當起白老鼠嘗試各種網路上吹噓的產品，然而這些以為無礙的慢性堆積，卻可能造成孩子健康上的損害。身為一位

守護兒童健康的兒科醫師，我們憂心更自責無法讓父母得到正確的知識，比起相信業配，可以更相信專業。這幾年奕成開始在Facebook「樂高園地粉絲團」發表一些衛教文章，他用淺顯易懂的文字配合我們醫學上所謂的evidence based medicine，也就是用證據說話，說服一般家長甚至專業醫療人員，破除迷思，給予適當的營養及環境，陪著孩童健康成長，同時也提醒家長注意健康警訊，正視問題並適時就醫。這樣正向的文字力量滲透力，發生的影響正在進行中。奕成是位很好的善說者，透過這本書，我期待這些正確的知識能夠讓更多人知道並信服，說服更多家長讓孩童遠離各種可能的健康危害，快樂成長。

這本書涵蓋兒童內分泌科醫師在門診常見的成長問題，對身高的疑慮、與日增加的性早熟及肥胖，並強調成長三要素的營養、睡眠、運動。奕成有許多精闢的見解，常常讓我耳目一新，包括睡眠調整與生長激素分泌；補鈣對身高不一定有用，補充蛋白質比較重要；還有在他製作的性早熟圖示，很好的解釋了性早熟需要追蹤，僅有快速進展的性早熟才會影響最終身高，需要治療。這些甚至成了我可以在門診給予病人快速理解的小貼士。另外番外篇中疫情下的性早熟，也提醒家長讓孩童遠離3C，遠離塑化劑以及運動的重要性。書中內容豐富，本以為可能是枯燥的說理環節，也會讓你覺得有趣，頻頻按讚！

　　雖然我和奕成在不同的位置上，做的是同一件事，就是替兒童說話，守護兒童的健康；陪著他們健康成長，更是我們兒童內分泌科醫師的心願，讓我們共勉加油。

童怡靖

台大兒童醫院兒童內分泌科醫師及兒童糖尿病共照團隊負責人

兒科醫學會兒童內分泌次專科副主任委員

推薦序

　　本人從事兒童生長青春期發育，已歷30載了。兒童生長發育，牽涉很多因素，包括：遺傳基因、種族、媽媽妊娠狀況、孩子出生身長體重、嬰幼兒時期營養狀況、有無慢性病、睡眠、運動、愛喝含糖飲料等。我奉勸準備當父母的，就是懷孕前要有家庭計畫，媽媽懷孕前太胖太瘦都要調整，少吃高糖、高油食物，嚴禁抽菸、喝酒及吸毒等；媽媽懷孕期間更是要小心，垃圾食物及菸酒更要遠離，這些都會影響下一代的生長發育及健康。出生後寶寶要注意營養、少出入公共場所染疫、睡眠要充足、養成規律運動、少喝含糖飲料及高糖高油食物、培養良好的親子感情等，都有益於生長發育。

　　我認識陳醫師有數年了，他接受了台大醫院完整訓練，曾在林口長庚與我共事過，他有感於家長苦惱於孩子的生長發育，簡單清楚地闡示兒童生長發育的基本概念，造福了辛苦的家長。

羅福松

林口長庚醫院兒童內分泌暨遺傳科主任及臨床組教授

推薦序
打造孩子健康生長力

　　在兒科醫學領域上，除了兒童疾病照護之外，對於孩子健康成長議題，包括:營養、睡眠、第二性徵發育等，是每位爸媽擔心與關切的課題，但因為本身非專家的狀況之下，如何獲得正確的知識，進而變成孩子健康成長照顧的圭臬，其實是有一定的難度！

　　此外，台灣社會對兒童健康成長資訊充斥著許多迷思，家長們在缺乏基本的醫療常識跟健康知識下，因為過度緊張、擔心輸在起跑點上，往往花費大筆金額，做「無效」的醫療治療來達成家長對孩子「長高」的期待，卻忽略了兒童健康照顧的概念。一旦有問題就上網找答案，然而在茫茫網海當中，其實有很多知識都不太正確，兒童內分泌陳奕成醫師有鑑於此現象，創立了「陳奕成醫師樂高園地」定期發表優質文章，幫助爸媽們在短時間中，可獲得最佳且最正確的衛教知識。

　　在《打造黃金發育力》書中，陳奕成醫師整理了網友最困擾且常見的兒童生長發育問題，針對父母親在孩子健康成長過程中的疑問，做主題性完整地介紹，如:「孩子生長軌跡與生長激素治療迷思」、「性早熟定義與治療」、「打好成長的基礎:營養、睡眠、運

動 」、「補鈣／補鋅與成長關係」、「兒童肥胖與減重建議」等，是一本非常實用且具專業的成長教育書刊，書中用簡單易懂的方式解答生長發育的重要課題。

　　孩子健康幸福成長是爸媽們最驕傲的事情，兒童成長過程是人生重要的關鍵時刻，可塑性極高，然而孩子的成長一生只有一次，一旦錯過或忽略了某些重要的照顧，可能會影響到孩子未來的發育成長。我衷心的推薦此書，因為各種成長問題及困惑，都可以在這本書中獲得適當的解答，希望這本書能成為爸媽們在照顧成長發育孩子之指引，陪伴著自己的寶貝快樂成長、茁壯！

林建銘

三軍總醫院 小兒科主任

小兒內分泌科醫師

作者序
寫在前面

「兒童不是縮小版的成人」這句話是我從還是醫學生時到兒科病房見習開始，就不斷聽到兒科醫師的前輩們對學生耳提面命的一句話。在進入臨床工作，輪訓過各科不同的病房之後，開始慢慢對這句話有了屬於自己的體悟：兒童和成人的差異不只是在體型或是疾病種類，更多時候讓人瞠目結舌的，其實是兒童身體裡旺盛的生命力。其中和成人最顯著的差別，或者說是只有在兒童時期特有的現象，當然就屬於「生長」這個過程了。

生長和青春期發育是孩童特有的現象，當然在這個生長發育的過程當中，可能會出現一些發展方面的問題，困擾了很多爸爸媽媽。在這個資訊爆炸，而且網路傳播無遠弗屆的現代社會，坊間出現了許多似是而非的「假新聞」、「假消息」也是相當自然的發展。更有甚者，有些醫療從業人員會利用醫病間的資訊不對等，推銷針對一般孩童進行效果仍不明確的自費療程，也讓最近自費診所如同雨後春筍般出現在大街小巷當中。但是，這些所謂的「長高祕方」或是「成長療程」，對於孩童的身高或是生長發育來說真的是萬靈丹，一用下去就能滿足爸爸媽媽或是孩子本身的心願？還是其實只是國王的新衣，並沒有確實的成效？相信這個問題其實不只是家長心中懷抱著疑惑，很

多坊間號稱生長診所的從業人員對於孩子生長發育的生理過程，以及此類高額自費生長療程的原理及觀念，其實也只有一知半解的程度。為了能解答大家關於孩子生長方面的疑惑，我整理了在門診中最常和爸爸媽媽們分享的生長關鍵以及解答成長的疑問，讓家長們在面對孩子的成長黃金期前，幫孩子就預先準備好接下來所需要的「黃金發育力」。

　　本書的第一個章節首先是讓家長對孩子的生長發育過程有個初步的理解，畢竟知道了什麼是正常的生長，才能辨別出何種表現是屬於異常的狀況；同時也讓爸爸媽媽懂得平時在家怎麼追蹤孩子的生長，以便在孩子出現生長問題時能及時發現。而當孩子的生長真的產生問題的時候，接下來的章節會用深入淺出的方式和爸爸媽媽們說明在醫療端會如何評估、診斷，甚至治療這些身材矮小或是生長遲緩的病童。相較於長太矮、長太慢的孩子們，近年來有另外一群孩子因為營養以及環境因素影響，反而有青春期提早啟動或是長太快的問題。同樣我們會先簡單扼要的介紹正常的青春期啟動的時程，讓家長能更敏感的發現自己孩子是否有性早熟的問題，以及花了很多篇幅和爸爸媽媽們分享如何避免加速青春期進展的各種課題。除了身高以外，兒童肥胖更是近十年兒童健康問題一個很重要的議題。在書中除了說明了兒童肥胖的成因以及後續的共病以外，也提出了很多協助孩子控制體重的建議。在臨床工作上，我們接觸到的案例大部分都不是因為內分泌功能有異常造成孩子的生長不如預期，很多時候都是日常的生活習慣不良造成的結果。因此最後一個章節特別挑出了幾個能幫助孩子

長高的重點，以及在門診中最常被家屬詢問的問題，一一解答家長們的疑惑。

　　台灣地區現代家庭的生活水準及教育水平和三四十年前相比已經有了明顯的提升，一般來說兒童的健康生活問題對大部分家長而言並不構成困擾，反倒是孩子的生長問題變成父母親最關心的課題之一。然而如前面所提到，有的父母搜集太多似是而非的講法，到處道聽途說、窮擔心，反而造成孩子的心理壓力負擔，影響他們正常的發育過程；有另外一部分父母則是沒有正確的觀念，讓孩子使用不需要的營養補充品、成藥，或者是高額的自費療程項目，雖然可能在短期間內孩子可能真的有「快速生長」的表現，可是生長板反而提前癒合，影響到孩童最終的成人身高，成為了現代版本的「揠苗助長」，也應驗了「愛之適足以害之」的古諺。為了減少這些對孩子的傷害，我在門診花了很多時間在了解孩子以及父母對於生長發育的煩惱以及擔憂，並且根據醫學文獻和多年的臨床經驗加以統整歸納，期望能提供給家長們最專業的說明和最清楚的建議。

　　費城兒童醫院的兒童內分泌學家Adda Grimberg博士在接受採訪時曾表示：「現在，家長越來越關注身高。他們想要靠生長激素，訂做特定的身高。但這不是亞馬遜（Amazon）；你不能靠下個單，就把孩子的身高變成你想要的樣子。」我一直認為，在做所有的醫療決定以前都要審慎考量，以詳細檢查的證據決策是否要用藥、治療，而不是家長對於自家寶貝成人身高抱有的空泛期望。希望看完本書

的父母也能理解，良好的生活習慣才能培養出最重要的「黃金發育力」，也是幫助孩子「快樂長高」的最重要關鍵。

CONTENTS

孩童生長歷程二三事，哪些異常須注意？

生長衝刺「按時來」，超速成長要小心！

打好地基起大厝，揭開生長小祕密

成長路上絆腳石，甜飲肥胖應遠離

CHAPTER

1

孩童生長歷程二三事，
哪些異常須注意？

1-1 | 孩子生長歷程的三個黃金關鍵期

「醫師，我覺得我的孩子比班上同學矮耶？」

「醫師，我覺得我的孩子最近都沒有什麼長耶，他／她會不會有問題啊？」

近幾十年因為一般民眾的生活水準和知識水準提高，家長們除了孩子的身體健康之外，自己的寶貝們最後能長多高，已經變成每個爸爸媽媽最關心的課題之一，希望自己的下一代能「高人一等」。特別是那些本身身高就不算太高的父母，更是常常在門診時表達出自己的焦慮，希望孩子可以不要有相同的困擾。

因此在進一步分享如何判斷孩子是否真的太矮或是長太慢之前，我覺得應該先讓大家對於兒童的「正常的生長軌跡」先有一個初步的了解。

長高的三階段

一般來說，兒童的生長階段可以大致分為三個時期：嬰幼兒期、孩童期以及青春期。（見圖1-1）三個不同時期正常的生長速度皆不相同，影響生長速度的關鍵因素也各不相同。

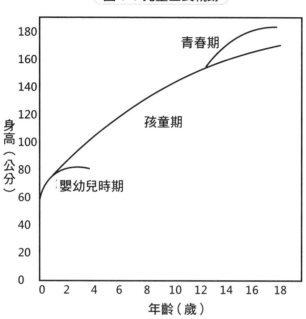

圖 1-1 兒童生長軌跡

階段1：嬰幼兒時期（出生後至兩歲）

是孩子一生生長最快的時候。零到一歲時，身高一年可以增加接近25公分。而1歲到2歲時，身高一年還可以增加10到12公分。在這個時期，主要決定孩子成長速率的因素是營養和甲狀腺素。

如果把這兩年身高可以成長的高度，加上新生兒剛出生的身長（例如：一位男寶寶出生身長50公分，第一年增加25公分，第二年增加12公分，男寶寶兩歲時身高大概會接近87公分。）會發現其實2歲時的身高大概就接近成人身高的一半了。也就是說，孩子最後會長

多高，有一半是2歲前就決定了。所以如果問我的話，我會說所謂的「成長黃金期」其實應該是孩子出生後的頭兩年，在孩子2歲之前如果能攝取到足夠的營養，身高通常不會太差。

階段2：孩童期（兩歲至青春期前）

從孩子2到3歲之後，孩子生長的速度會開始變慢。平均來說，一年身高可以增加4到6公分。這個時期主要影響生長的因素是生長激素和甲狀腺素。而睡眠、飲食以及運動等日常生活作息，都會有很大程度影響生長激素的分泌以及作用，因此很多家長十分在意的睡眠時間長短或是運動習慣等等，會建議在這個時期就要開始培養良好且規律的生活習慣。（詳見章節3-1至3-4）

階段3：青春期

當孩子進入青春期之後，孩子的生長除了會被生長激素影響以外，更重要的是加上了性荷爾蒙（雄性素／雌激素）的作用，因此生長速度會比孩童期還要快：女生身高最多一年可以長8到10公分，男生甚至一年最多身高可以增加10到12公分。

不過也因為性荷爾蒙的影響，骨頭兩端原本會不斷分裂、增殖、延長的軟組織，或是俗稱的「生長板」（growth plate），會開始慢慢鈣化、癒合。而當生長板完全癒合之後，也就代表骨頭沒有辦法繼續延長，孩子的生長也就到達了終點。

結論

　　孩子的成長過程就像是一場馬拉松，每個時期有每個時期不同的生長步調，所需要關注的重點也不太一樣。像是在嬰幼兒時期，最重要的還是注意孩子的營養狀態；而當孩子進到了孩童時期，除了營養狀態以外，也要調整孩子的睡眠習慣；最後進入青春期後，開始生長最後的衝刺，營養、睡眠以及運動三者的重要性都不可偏廢，才能讓孩子完整發揮出最好的成長潛力。

　　因此在本書的一開始，我希望各位爸爸媽媽能了解一個重要的觀念：每個孩子都是獨自的個體，都有自己的成長軌跡。減少和別人孩子比較，專注於自己孩子的生長軌跡，才是幫助寶貝成長的第一步。

1. 兒童的生長階段可以大致分為三個時期：嬰幼兒期、孩童期，以及青春期。
2. 嬰幼兒時期時生長速度最快。此時期影響生長最大的因素是營養和甲狀腺素。
3. 孩童期生長速度一年平均4至6公分。此時期影響生長最大的因素是生長激素和甲狀腺素。
4. 青春期時女生身高最多一年可以長8到10公分，男生甚至一年最多身高可以增加10到12公分。此時期影響生長最大的因素是生長激素和性荷爾蒙。

1-2 ｜ 爸媽基因定終身？身高的預測公式

　　有很多家長帶孩子來生長門診評估的時候，開口問的第一個問題都是：

　　「醫師，請問孩子以後會長多高啊？」

　　每次聽到這個問題，我心中都會反射般冒出一段謎之音：「施主，這個問題要問你們自己啊。」

　　決定孩子身高最終可以長多高有很多因素，而其中影響最大的，就是父母自身的遺傳基因。也是因為這樣，我們可以把父母的身高，代入一個簡單的公式，來預測孩子成人之後最終身高可能的範圍。

成人身高的預估公式

　　一般在評估孩子最終的成人身高（adult height; final height）的時候，可以把爸爸和媽媽的身高代入一個簡單的公式來做一個初步的預測，算出來的身高稱為「目標身高」（target height）[1]。

[1] Tanner JM, Goldstein H, Whitehouse RH. Standards for children's height at ages 2-9 years allowing for heights of parents. Arch Dis Child. 1970 Dec;45(244):755-62.

要注意的一點是：這個公式是有男女之分的：

預估男孩身高的公式：

（父親身高＋母親身高＋13）÷ 2

男孩子最終的成人身高落在算出來的目標身高加減8.5公分，都算是正常的範圍。

預估女孩身高的公式：

（父親身高＋母親身高－13）÷ 2

女孩子最終的成人身高落在算出來的目標身高加減8.5公分，都算是正常的範圍。

範例說明：

以下舉一個簡單的案例，讓爸爸媽媽們能更了解如何運用這個公式來預估孩子的成人身高：

假設爸爸身高175公分，媽媽身高160公分，

他們的兒子帶公式算出來的「目標身高」為：

(175＋160＋13）÷ 2 ＝174公分

174＋8.5 ＝182.5公分

174－8.5 ＝165.5公分

他們兒子最終的成人身高有很高的機率會落在 165.5公分到182.5公分的範圍之中。

如果是女兒帶公式算出來的「目標身高」為：

(175＋160－13) ÷ 2＝161公分

161＋8.5＝169.5公分

161－8.5＝152.5公分

　　他們女兒最終的成人身高有很高的機率會落在152.5公分到169.5公分的範圍之中。

　　其實這個公式背後的原理很簡單：身高是屬於多基因遺傳，孩子的身高有很大機率會落在父母遺傳身高的範圍中。所以要計算男孩的身高時，先將母親的身高加13公分來代表媽媽的身高基因在男性中的表現，再和父親的身高相加取平均；相對的要計算女孩的身高時，先將父親的身高減13公分來代表爸爸的身高基因在女性中的表現，再和母親的身高相加取平均。

結論

　　雖然孩子最後能長多高是「七分天註定，三分靠打拼」，父母的基因遺傳大概決定了七成左右的高度。但是從上面的公式我們也能知道，就算是同樣的父母生的手足之間，身高也是可以有17公分的差距。

　　所以除了遺傳的因素之外，正確的飲食、充足的睡眠以及足夠的運動等日常生活習慣，依舊會有一定程度影響孩子的生長，因此我

最希望能透過這本書做到的，就是幫助孩子在父母的基因遺傳基礎上，能最大程度的發揮孩子的身高潛力。

樂高小重點

1. 身高是屬於多基因遺傳，孩子的身高有很大機率會落在父母遺傳身高的範圍中。
2. 男孩身高的預估公式：
   （父親身高＋母親身高＋13）÷ 2 ± 8.5 公分。
3. 女孩身高的預估公式：
   （父親身高＋母親身高-13）÷ 2 ± 8.5 公分。

1-3 | 讀懂兒童成長曲線圖，穩健成長不焦慮

　　「阿嬤覺得孩子冷」和「爸媽覺得孩子矮」大概是門診中最常碰到的照顧者兩大幻覺。時常在成長門診完成初步評估後，我向家長表示「孩子的身高很正常喔」時，接受到的回饋大多是爸爸媽媽睜著眼睛問：「真的嗎？可是他在班上跟同學比很矮耶！」

　　會有這種落差，其實是因為爸爸媽媽沒有客觀的評估孩子的生長，多是單純和其他孩子比較之後得到的印象來做出結論。因此在繼續分享其他生長相關主題之前，想先跟家長們分享如何正確評估孩子的生長——繪製「生長曲線」。

生長曲線是什麼？

　　在兒童手冊裡面，附有正常兒童的「兒童生長曲線百分位圖」，其中記錄了身高、體重與頭圍三種生長指標，分為男孩版和女孩版。在生長曲線百分位圖上畫有97、85、50、15、3等五條百分位曲線。家長可以將孩子生長情形依年齡畫記於兒童生長曲線百分位圖上，和各百分位曲線比較，隨時觀察寶寶發展狀況。

---

1 https://health99.hpa.gov.tw/storage/files/materials/12024.zip

如何畫記生長曲線？

要如何正確紀錄每個孩子的生長曲線呢？

讓我們用一位「一歲身長75公分的男孩」當作例子：（圖1-3）

1. 量好身長，在縱軸相對應公分處描一條水平線。
2. 算出小朋友的實際年齡（不是虛歲），在橫軸相對應年齡處描一條垂直線。
3. 在兩條線的交會處，做上記號（☆）。
4. 每3～6個月測量一次，並重複步驟1～3做上記號。

之後再將各個記號連線，即可完成專屬於孩子的生長曲線。除了身高以外，體重、頭圍也可以用同樣的方式，繪製出各個生長指標的生長曲線。

如何評估孩子的生長曲線？

畫記完生長曲線以後，要怎麼評估孩子的生長有沒有問題呢？建議家長可以從以下兩個重點去檢視：

1. 百分位

身高、體重以及頭圍測量完之後，可以馬上在「兒童生長曲線百分位圖」中，對應出孩子的各個指標在同年紀小朋友當中的百分位。一般來說，測量數值落在15百分位至97百分位區間都算正常；落在3百分位至15百分位爸爸媽媽就要開始留意；若是落在3百分位以下就需要請兒科醫師進行評估。

圖 1-3： 畫記生長曲線步驟

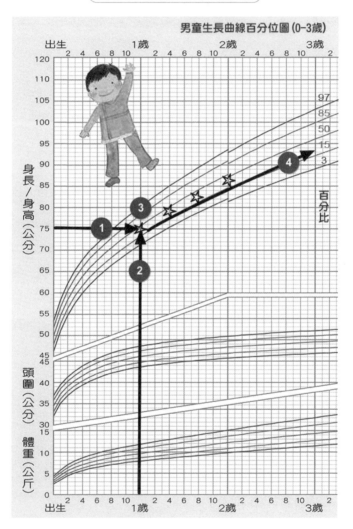

2. 生長曲線的斜率

當有多個生長指標的紀錄之後，可以連出所謂的生長曲線。如果孩子的生長曲線和「兒童生長曲線百分位圖」上的標準線（97、85、50、15、3等五條百分位曲線）相互平行，代表孩子的生長沒有太大的問題；但如果孩子的生長曲線漸漸偏離原本的區間，和其他標準線產生交叉的話，就代表孩子的生長速度可能有太快或是太慢的現象，建議帶去門診請兒科醫師進行評估。

結論

很多家長常常將自己孩子的身高體重和同班同學做比較，然後得出自己孩子好像比較矮的結論，這種方式其實很容易被誤導：因為就算是同班同學，出生年月可能都不太一樣，年紀有時候甚至會相差半歲到一歲之多。所以在門診當中我常常提醒家長，身高體重跟自己比較就好，真的不要跟別人比。所謂的跟自己比較，最簡單的方法就是畫記孩子的生長曲線圖，只要生長百分位落在15百分位至75百分位之間，生長曲線和其他標準線平行，大致上就不需要過於擔心孩子的生長狀況了。

> **樂高小童點**
> 1. 生長曲線是最方便也最有效評估孩子生長的工具。
> 2. 可以從生長曲線的「百分位」以及「斜率」來評估孩子是否可能有生長方面的問題。
> 3. 和別人比較生長容易被誤導，跟自己比較最重要。

1-4 | 我的孩子有沒有比較矮？

　　看完前幾個章節後，相信各位家長們都學到如何善用生長曲線了解每個時期孩子應該有的生長速度，以及參考遺傳自父母親的目標身高，來正確評估自己的孩子有沒有生長方面的問題了。

　　那有哪些狀況是真正需要轉介兒童內分泌科，進行更進一步的檢查呢？

常見的生長問題

　　臨床上一般常見的生長問題大概分成三類如下：

1. 身材矮小

　　臨床上定義的「矮」，是指身高和同年齡性別的平均身高相比，落後兩個標準差以上，或是身高落在生長曲線圖的第三百分位線之下，才算是真的「矮」。

　　然而，並不是符合身材矮小定義的孩子就真的有內分泌功能異常或是器質性疾病，只是有這些問題的可能性比一般孩子高。（圖1-4）

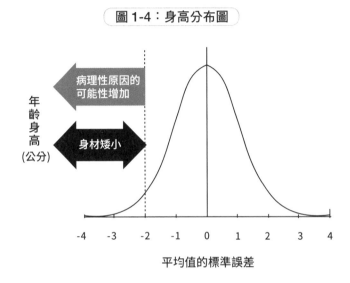

圖 1-4：身高分布圖

2. 生長遲緩

　　臨床上定義的「長太慢」，是指孩子一年身高成長幅度小於4公分。通常有符合生長遲緩定義的孩子，實際上有內分泌功能異常或是器質性疾病的可能性，比上述身材矮小的孩子還要高。因此相較於身高有多高，孩子一年身高的成長幅度其實更為重要。

3. 身高相較於家族遺傳目標身高（target height）有明顯落差

　　比如說，用父母的身高計算出來的目標身高（詳見章節1-2）是位於50～75百分位的區間，但孩子的生長曲線一直落在接近15百分

位的線上,也建議盡早轉介兒童內分泌科做評估。

發生生長問題的原因

造成孩子生長問題的原因大概可以分成兩大類:生理性或病理性。

生理性

大部分較常見的生理性原因包含了體質性生長遲緩、家族性身材矮小以及營養不良造成身材矮小。

病理性

病理性原因則大多是因為內分泌疾病或是基因遺傳疾病所造成。

比如說常見的內分泌疾病有:生長激素缺乏症、甲狀腺低能症、假性副甲狀腺低能症及庫欣氏症等。而部分基因遺傳疾病如:透納氏症、唐氏症、小胖威利症候群 (Prader-Willi syndrome)、羅素-西弗氏症候群(Silver-Russell syndorme)、軟骨發育不全(achondroplasia)也會造成身材矮小。

除了內分泌功能異常或是基因遺傳疾病以外,病理性的原因還可能包括了慢性系統性疾病(如嚴重過敏性疾病、慢性腎病等)、長期使用類固醇,甚至是新發生的腫瘤,都有可能是造成孩子生長問題的可能原因。

結論

大部分來看兒童內分泌科門診的孩子經過我們初步的評估以

後，發現真的有生長問題的比例其實不高。但如果真的是符合身材矮小或是生長遲緩定義的孩子，就有需要做更完整的評估。

下一個章節，我們將會告訴爸爸媽媽們，如果懷疑孩子的確有生長問題的話，兒童內分泌科醫師會安排哪些檢查。

樂高小重點

1. **生長問題可以分成三種：**
   a. **身材矮小**
   b. **生長遲緩**
   c. **身高相較家族遺傳身高有明顯落差**
2. **產生生長問題的常見原因：**
   a. **生理性原因：體質性生長遲緩、家族性身材矮小、營養不良等。**
   b. **病理性原因：**
      i. **內分泌功能異常：生長激素缺乏症、甲狀腺低能症等。**
      ii. **基因遺傳疾病：透納氏症、唐氏症、小胖威利症候群等。**
      iii. **其他：慢性系統性疾病、長期使用類固醇、腫瘤等。**

1-5 ｜ 生長問題的評估與流程

「醫師，我們家小朋友真的不高耶，要不要抽血檢查一下看有沒有缺什麼營養啊？」

不少家長帶孩子到兒童內分泌門診的主要目的，都是希望我們幫小朋友進行血液檢查，找出孩子缺乏的營養成分，然後努力進補，期待孩子的身高能一飛沖天。

不過事情沒有爸爸媽媽想的這麼簡單！

上個章節我們有提到，造成生長問題的原因十分多元，有可能是生理性因素的影響，也有可能是病理性因素的抑制。因此兒童內分泌科醫師在面對這些有生長問題的孩子時，是需要從頭到腳，由裡到外，甚至從過去到現在的完整評估，才能抽絲剝繭找出他們真正的問題，血液檢查其實只占完整評估一小部分。下面就和各位家長分享，兒童內分泌科醫師評估的詳細內容，讓大家可以在帶小朋友去門診諮詢前預先做好準備。

病史詢問

通常小朋友初次被帶到兒童內分泌科門診評估時，我們花最多

時間的就是病史詢問。主要會詢問以下四個方面的病史：

出生史（包含出生週數、出生體重、胎位）

小朋友如果有早產、低出生體重的狀況，可能有1/10的機會會有身材矮小的問題。如果小朋友出生時是以臀位生產，或是出生後有新生兒低血糖、延遲性黃疸等表現，則可能跟內分泌功能異常有關。

過去病史

如果小朋友過去曾經有過慢性系統性疾病，例如發炎性腸道疾病、慢性腎病、先天性心臟病，或是自體免疫疾病，都有可能影響孩子的生長。

過去的身高體重紀錄

有了過去的身高體重紀錄，就可以繪製出孩子的生長曲線。（詳見章節1-3）有時候一畫完生長曲線，我們大概就可以判斷這個孩子大致上屬於生理性生長問題，還是屬於需要安排更詳細檢查的病理性生長問題。（圖1-5-1、圖1-5-2）

家族史

除了孩子的身高體重紀錄以外，爸媽的身高以及他們進入青春期的年齡也很重要。除了爸媽身高可以幫助我們預估孩子的遺傳身高以外（詳見章節1-2），像是媽媽從很小年紀就開始有月經的經驗，或是爸爸小時候有從國高中身高才開始抽高的情況，這些青春期的發

圖 1-5-1 生長曲線圖 - 家族性矮小

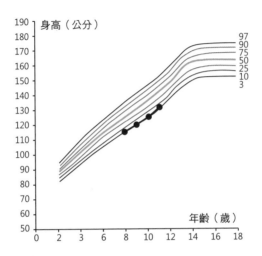

圖 1-5-2 生長曲線圖 - 發炎性腸道疾病 (克隆氏症)

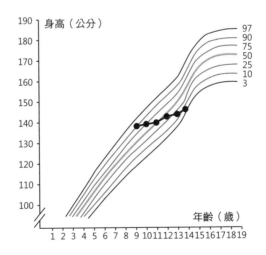

展特徵都可能會遺傳給孩子，影響他們生長的過程。

身體理學檢查

　　經過前面一連串的病史詢問之後，下一個評估項目是對孩子進行身體理學檢查。除了聽診、觸診等一般健康檢查會做的身體檢查項目以外，我們還會特別評估孩子第二性徵的成熟度、測量小朋友的臂長來評估身體比例的對稱性，以及觀察臉部或是肢體上是否有特殊的畸形，來排除他們是否有特定的基因異常的遺傳疾病。另外檢查小男孩是否有陰莖短小，小朋友是否有甲狀腺腫大，詢問他們是否會抱怨頭痛、複視、嘔吐、厭食等症狀，都能幫助我們判斷小朋友是否有內分泌功能的異常而影響生長。

影像檢查

　　接下來是影像檢查，最主要就是大家都耳熟能詳的骨齡檢查。Ｘ光的骨齡檢查是我們在評估孩子生長問題上的一項利器，因為它直接反映了孩子體內成熟的程度，可以讓我們馬上對孩子的生長能有個初步的印象。另外如果小朋友有些鈣、磷電解質不平衡的疾病（如佝僂症），從骨齡檢查上也能找到特定的表現。（圖1-5-3）

血液檢驗

　　最後才是爸爸媽媽最想安排的血液檢驗。

　　對於有生長問題的孩子，我們通常會安排一般血球計數檢查、肝功能、腎功能、鈣、磷、鎂、鋅、鐵等電解質檢驗、甲狀腺功能、

圖 1-5-3 佝僂症的 X 光特徵

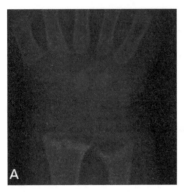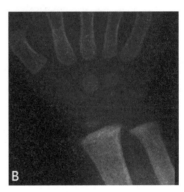

圖說：A圖（左）為佝僂症手腕骨頭X光影像；B圖（右）為正常手腕骨頭X光影像。

生長激素（GH）、類胰島素生長因子（IGF-1）等常規檢查，用來排除還沒有明顯症狀的全身疾病。在特定的狀況下，也會安排染色體檢查或是基因檢測，來確認是否有如透納氏症等染色體異常或是其他基因遺傳疾病。

　　不過近年來陸續有證據顯示，單純身材矮小但是生長速率正常（每年長高4到6公分以上），做這些常規的血液檢查診斷價值並不高。換句話說，如果小朋友每年身高都能長4到6公分以上，他們抽血的結果有很高機率會是正常的。這也是為什麼我一般初診的孩子並不會每個都常規做血液檢驗的原因之一。

結論

　　也許有的爸爸媽媽會覺得：直接抽血檢查不就知道孩子有沒有

異常了，需要問這麼多問題嗎？但其實很多時候沒有目的的常規抽血檢查，反而會誤導我們的判斷或是增加家屬的疑惑及擔憂。實際在臨床上面對孩子時，我們在做完「病史詢問」以及「身體理學檢查」的時候，大概就已經有七八成的把握他／她的生長到底有沒有問題。接下來安排的「影像檢查」或是「血液檢驗」其實也只是幫我們確認或排除剩下兩三成的可能性而已。抽血檢查並不是全知全能的，兒童的身體和生長也沒有簡單到只要補充單一營養素或是荷爾蒙就能長得像大樹一樣高。

樂高小重點

1. 生長問題的評估包括四個面向：病史詢問、身體理學檢查、影像檢查、抽血檢驗。

2. 病史詢問的重點有：出生史、過去病史、過去的身高體重紀錄、家族史。

3. 身體理學檢查除了一般聽診、觸診等項目之外，還需特別評估第二性徵的成熟度、是否有外觀異常以及身體比例是否有不對稱等問題。

4. 影像檢查最常用的是X光骨齡檢查。

5. 血液檢驗包括血球計數和一般生化功能的檢驗（肝功能、腎功能、鈣、磷、鎂、鋅、鐵等電解質），以及甲狀腺功能、生長激素（GH）、類胰島素生長因子（IGF-1）等內分泌功能。如有必要，還會安排染色體檢查或是基因檢測。

1-6 | 生長評估的水晶球
──骨齡檢查

　　上一個章節有和大家分享到，要評估一個孩子有沒有生長發育相關的問題，是需要花時間評估然後再安排對應的檢查。但是其中有一項檢查，是許多家長都非常有興趣的項目。很多家長甚至進了診間的第一句話就是向我點餐：「醫師，我想讓孩子照骨齡。」

　　到底骨齡（bone age）檢查是什麼？檢查的結果又代表著什麼意義？

骨齡檢查

　　所謂的骨齡，是「骨頭的年齡」的簡稱。

　　相對應的，是小朋友本身的年紀，我們稱之為實際年齡（Chronological Age）。

　　骨齡檢查的做法是幫孩子「左手掌到手腕處」照一張X光片，然後根據影像所顯示出的生長板型態、大小以及癒合程度，經過圖譜的比對後，推斷出孩子體內成熟的程度（圖1-6）。

　　一般我們也會用「年齡」當作單位來描述骨頭的成熟程度，所

圖 1-6　骨齡檢查

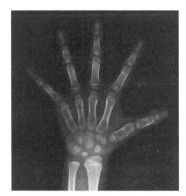

6 歲的骨齡

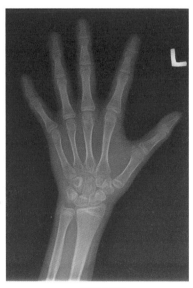

16 歲的骨齡

圖說：以 X 光片上指骨空間可看出生長板是否癒合。圖左的 6 歲兒童指骨仍有生長空間，而圖右的 16 歲指骨生長板已接近癒合。

以在門診我們會簡單跟家長解釋：「小朋友的骨齡檢查起來大概接近10歲」之類的。

有些爸爸媽媽會好奇，為什麼是照左手掌，不是照膝蓋或是腳呢？的確，只要是長骨，無論是手臂還是大腿、小腿的骨頭，都有生長板可供判讀。

只是當初1950年代由Greulich及Pyle等人首次出版的《骨齡判

讀圖譜》，是以各年齡層的健康兒童左手掌做為參考基準，因此之後的兒童內分泌科醫師也一直沿用這樣的檢查方法和標準來評估兒童的生長。所以照腳或腿的 X 光到底行不行呢？其實也不是不行，但是大概只能用來確認生長板是否癒合而已，沒有辦法提供更多的詳細資訊。

骨齡檢查可以提供什麼資訊？

在門診的時候，我常會和爸爸媽媽舉例：

「骨齡檢查的結果，有點類似馬拉松中途的計時點。」

如果檢查結果發現骨頭年齡和實際年齡差不多，代表孩子到目前為止的生長配速符合我們的預期，被病理性因素影響到最後的成人身高的機會比較低。如果骨齡結果比實際年齡快很多，代表生長配速衝太快了，可能要注意是否有營養過剩或甚至是性早熟的問題；相反的，如果骨齡結果比實際年齡慢很多，代表生長配速因為特殊的原因緩下來了，這時就要擔心孩子是否有營養不良、慢性疾病，或是其他內分泌功能出現問題，如生長激素分泌不足、甲狀腺功能低下、性腺荷爾蒙功能異常等。

雖然依據孩子實際年齡的大小可能有些差別，但是一般來說如果骨齡檢查結果和實際年齡相差一歲以內，皆可以視為正常生長；如果兩者差距一到兩歲之間，就需要進一步的追蹤；若是兩者差距差到兩歲以上的話，最好要做進一步抽血檢驗以排除是否有其他病理性的

原因影響到孩子的生長。

骨齡檢查還能推估孩子成人身高

　　除了上面提到，骨齡檢查能夠幫助我們為孩子的生長發育做最初步的評估以外，還有一項特別的功能：可以預估成人身高。我們之所以能做出這樣的預測，主要是因為靠著前人累積的大量個案以及生長數據，而能夠大致歸納出不同成熟度的骨齡，大約還有多少成長的空間。

　　舉個簡單的例子：一名骨齡12歲的女生，她當下的身高就大概接近最終身高的九成。如果她當天測量的身高為140公分，我們就會預估她最後的成人身高大概會落在155公分左右。

　　也就是說根據前人累積的數據，兒童內分泌科醫師可以參考骨齡檢查的結果和當天的身高，大致上推測出孩子最終成人的身高，如果同時又有父母雙方身高所計算出來的目標身高（target hieght）（詳見章節1-2）可以參照，就更能判斷出孩子的生長發育是否有需要進一步檢查的問題。

骨齡檢查會不會有輻射曝露的危險？

　　由於骨齡檢查是屬於透過Ｘ光成像的影像學檢查，偶爾還是會遇到有些爸爸媽媽會擔心輻射曝露量的問題。的確孩子在做檢查時會有一定量的輻射曝露。不過，我們在日常生活的環境中，原本就曝露來自宇宙、地表、食物等等天然輻射，而骨齡檢查所曝露的輻射量，

和這些所謂的「天然背景輻射量」比，其實低了非常多。

下面列舉一些常見狀況的輻射量讓家長們比較：

1. 一次胸部X光攝影劑量【0.02毫西弗】
2. 臺北搭飛機往返美國西岸一趟【0.09毫西弗】
3. 臺灣民眾每年天然背景輻射：【1.6毫西弗】
4. 一次胸部電腦斷層掃描劑量：【7毫西弗】

而照一次骨齡檢查的輻射量大約是【0.01毫西弗】，所以相較於其他狀況，以及一般人每年額外接受輻射照射量的安全範圍【1毫西弗／年】來說，真的都算是非常低的曝露量，當然也就不需要太擔心輻射曝露的問題。

結論

雖然骨齡檢查是個安全又沒有侵入性的檢查，而且的確能提供我們不少關於孩子生長發育的訊息，甚至能讓我們對孩子最終的成人身高做出一定程度的預測，但是如同我之前提過的，孩子的生長是個複雜而且動態變化的過程，如果只靠一次骨齡檢查就對孩子的生長發育下了定論，甚至做出進一步的醫療處置，其實是有點過於激進的。

因為孩子的生長是個動態的過程，我會建議家長再做任何醫療決定之前（如開始人工合成生長激素療程），先定期回診，每三個月

到半年追蹤一次孩子身高體重、第二性徵的發育狀況以及骨齡檢查，同時利用這段時間，和醫師充分討論治療方式的利弊，最後再一起決定後續治療或追蹤的方案，我想這樣才是對孩子的生長最有利也是最安全的做法。

1. 骨齡檢查是「左手掌到手腕部位」的 X 光影像檢查。
2. 根據骨齡檢查的結果，我們可以初步判斷孩子身體成熟的程度，進一步對他／她們成人時的最終身高做出預測。
3. 骨齡檢查的 X 光輻射曝露量相當低，每次約為【0.01毫西弗】。

1-7 ｜ 認識生長激素缺乏症

　　1990年代初期，有個出生在阿根廷的小男孩，從小就展現驚人的足球天賦，從4歲開始就開始參與當地俱樂部以及少年隊的比賽，並且開始展露頭角。然而在小男孩11歲那年，他的身高只有120公分左右，被醫師診斷出「生長激素缺乏症」。雖然並非不治之症，但是生長激素缺乏症的治療需要負擔的高額醫療費用，家中僅只是小康的經濟背景並無法支持小男孩接受長期的治療。眼看著和其他選手的身材劣勢逐漸擴大，漸漸到了僅靠過人的技巧也無法彌補的程度，小男孩的足球夢似乎在剛開始萌芽之際，就即將嘎然而止。在這個關鍵的時候，遠在西班牙的職業足球俱樂部看中了小男孩在球場上的出色表現，希望將他接到西班牙接受培訓，因此決定出資延續他的重組人類生長激素治療計畫。

　　小男孩後來的故事我們都耳熟能詳了，7座金球獎、6次世界足球先生及6座歐洲金靴獎，同時率領球隊獲得10次西班牙甲級足球聯賽冠軍、4次歐洲冠軍聯賽冠軍、1次奧運會足球賽冠軍和2014年國際足總世界盃亞軍。這個當年因為身材被戲稱為「小跳蚤」的男孩如今已經是公認最偉大的足球員之一，他就是萊納爾·梅西（Lionel Messi）。

　　由於梅西是具有全球知名度的體壇巨星，再加上他在診斷出「生長激素缺乏症」後接受治療的效果有如此戲劇性的成功，讓很多家長都對於注射生長激素的療程都抱持著莫大的期待，雖然知道治療所費不貲，還是寄望開始治療以後孩子的身高就能更上一層。但是每個身高不如預期的孩子都有「生長激素缺乏症」嗎？還是不管是不是罹患這個疾病，對重組人類生長激素治療的反應都能像梅西一樣顯著呢？

簡介生長激素

　　生長激素是人體生長必需的荷爾蒙，從胚胎開始，直到生命的終結，人體無時無刻都在分泌生長激素。只是在青春期的階段，血液中生長激素濃度達到高峰，之後濃度就會隨著時間逐年下降。

　　生長激素由腦垂體前葉製造分泌，藉由血液循環帶到全身生長激素受器的所在器官，主要作用在骨骼、肌肉與脂肪（圖1-7-1）。

圖 1-7-1 生長激素作用示意圖

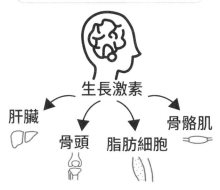

生長激素

肝臟　　骨頭　　脂肪細胞　　骨骼肌

圖說：生長激素由腦垂體前葉製造分泌，藉由血液循環帶到全身生長激素受器的所在器官，主要作用在骨骼、肌肉與脂肪。

作用在骨骼會讓骨骼生長，小朋友就會長高；作用在肌肉和脂肪，能使肌肉量增加同時增進脂肪代謝，讓小朋友變壯。

很顯然的，生長激素在兒童的作用主要就是讓小孩長高長壯，因此當孩子的生長不如自己的預期時，很多家長就會很直覺的反應：「我的孩子長得又瘦又小，是不是他／她也有生長激素缺乏症？」

如何診斷生長激素缺乏症

根據統計，生長激素缺乏症在兒童的發生率大約只有四千到萬分之一，是屬於兒童的罕見疾病。也就是說，單純身高體重不如預期的孩子罹患生長激素缺乏症的機會其實是相對低的。

那什麼樣的情況會讓醫師懷疑可能有「生長激素缺乏症」？

首先孩子的生長要符合「身材矮小」或是「生長遲緩」的情況（詳見章節1-4），而且身體理學檢查有發現特殊別的特徵（如：合併有陰莖短小、新生兒低血糖、延遲性黃疸等）。進一步的檢查時發現骨齡和實際年齡相比有明顯落後，同時抽血檢查發現血液中生長激素（growth hormone; GH）或是成長因子（IGF-1）的濃度也偏低，就會安排小朋友住院做「生長激素刺激測試」來確認是否有「生長激素缺乏症」。

為什麼要做「生長激素刺激檢查」

為什麼除了門診抽血以外，還要做「生長激素刺激測試」？而且還要住院做呢？

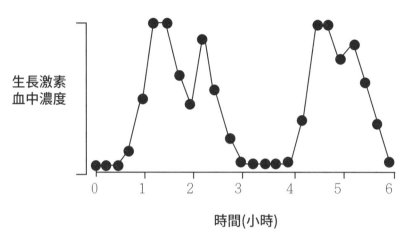

圖說：人體內生長激素的分泌是呈現脈動式分泌。

　　「生長激素刺激測試」是兒童內分泌科醫師診斷「生長激素缺乏症」的黃金標準。因為人體內生長激素的分泌是呈現脈動式分泌（圖1-7-2），大部分時間抽血驗生長激素本來濃度就會很低，很難用單次的抽血結果判斷生長激素是否缺乏，因此小朋友需要接受一至兩種的「生長激素刺激測試」，來確認孩子體內的生長激素分泌是否正常（圖1-7-3）。而刺激測試所使用的藥物可能會讓孩子產生頭痛、冒冷汗、臉色蒼白、嗜睡、疲倦、頭暈、噁心、嘔吐等症狀，甚至有特殊病史（比如腦瘤、癲癇等）的小朋友是可能在檢查過程中有抽搐發作的狀況，因此這些檢查通常會安排在住院中完成。

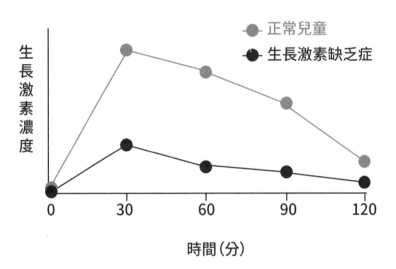

圖 1-7-3 生長激素刺激測試後生長激素分泌示意圖

　　如果經過「生長激素刺激測試」的結果確診孩子患有「生長激素缺乏症」，則還需要安排腦部中下視丘——腦下垂體核磁共振的影像學檢查，以釐清罹病的原因是否是因為先天的構造異常還是後天的顱內腫瘤侵犯。

結論

　　要診斷「生長激素缺乏症」的過程非常複雜，並且孩子在檢查過程中也會有一些不舒服的症狀產生，因此兒童內分泌科醫師通常會在有強烈的證據懷疑孩子有「生長激素缺乏症」的情況下，才會安排

住院做「生長激素刺激檢查」。

　　偶爾會有家長帶著其他醫院的追蹤報告來尋求第二意見時，會對我抱怨其他醫院的醫師：「那位醫師只是一直建議觀察，都沒有安排更近一步的檢查看孩子有沒有生長激素的問題。」所以希望透過這個章節的說明讓爸爸媽媽們了解，觀察生長速率有沒有符合「身材矮小」或是「生長遲緩」的情況，就是我們診斷是否有「生長激素缺乏症」的第一步。

　　那診斷出「生長激素缺乏症」之後的治療要怎麼安排？如果沒有「生長激素缺乏症」的孩子接受一樣的治療也會有效果嗎？下面一個章節，將接著分享關於治療「生長激素缺乏症」的藥物——「重組人類生長激素」。

1. 生長激素缺乏症屬於罕見疾病，在兒童的發生率大約是 4,000 到 10,000 分之一。
2. 「生長激素刺激測試」是兒童內分泌科醫師診斷「生長激素缺乏症」的黃金標準。
3. 診斷出「生長激素缺乏症」的病童，還需要安排腦部中下視丘——腦下垂體核磁共振的影像學檢查，排除是否有先天的構造異常或是後天的顱內腫瘤侵犯。

1-8 | 改變命運的藥物 ——「生長激素」

上個章節提到梅西被診斷「生長激素缺乏症」後,接受了「生長激素」的治療才得以延續他的足球生涯,相信各位家長一定很好奇:生長激素的治療有多有效?

根據維基百科的記載 ,在接受治療的第一年,梅西身高長高了16公分,體重增加了9公斤!這麼神奇的治療,只能用在治療「生長激素缺乏症」嗎?沒有「生長激素缺乏症」的小朋友施打也有一樣的效果嗎?接下來就一一為家長解答。

簡介生長激素治療

目前治療用的生長激素,是在1980年代初期,利用分子工程的技術,讓大腸桿菌以基因重組的方式大量製造出由190個氨基酸所組成的合成人類生長激素。之後美國FDA於西元1985年通過審查,認可將這種「基因重組人類生長激素」用於「生長激素缺乏症」的治療。

目前建議的治療方式是建議「每天」「睡前」「皮下注射」一

https://reurl.cc/6LNWnb

次。主要是因為生長激素的半衰期很短，大概只有14分鐘，所以需要每天注射；建議睡前注射是希望模擬人體自身生長激素分泌的生理規律（詳見章節1-7），達到最理想的治療效果。而且注射部位最好每天都不一樣，以避免發生局部脂肪萎縮，影響到生長激素的吸收和作用。

　　至於生長激素的治療的效果如何？理論上，診斷後開始治療的頭兩年效果會最好，會出現「追趕生長」（catch-up growth）的現象。根據臺大兒童內分泌科之前發表過相關的回顧研究，罹患「生長激素缺乏症」的病童生長速度在治療前是一年0.2公分到5.6公分；接受生長激素治療後，第一年的生長速率會增加到一年6.8公分到15.2公分（平均一年11.7公分），也就是說接受治療後第一年的生長速率比治療前多了4.3公分至15公分（平均多8.6公分），對於增加身高的效果十分顯著。

　　在第一、二年之後，建議依據對治療的反應和生長的速率來做藥物劑量的調整。根據之前美國史丹佛大學的研究報告指出：經診斷確定為生長激素缺乏症的兒童，經過2到10年的生長激素療程，和沒有接受生長激素治療的對照組相比，男生平身高可以多約9.2公分，女生平均身高可以多出5.75公分。

不是「生長激素缺乏症」的孩子施打也有效嗎？

　　看到上面生長激素那麼顯著的治療效果，應該有些爸爸媽媽心

中開始燃起一絲希望:「我的孩子雖然沒有生長激素缺乏症,接受生長激素的療程會不會也有幫助呢?」

　　根據外國的文獻表示,如果是身材矮小(身高小於三個百分位)但沒有罹患「生長激素缺乏症」的兒童,在接受5到6年的生長激素治療後,最終成人身高平均可以增加3〜4公分。如果把這段時間治療所花費的費用考慮進來,平均增加1公分需要1萬到2萬美金,金額相當驚人!也就是說,生長激素的治療對於一般的身材矮小的兒童並沒有戲劇般的療效,對於那些身高屬於正常範圍的孩子,治療效果更是有限。

結論

　　對於罹患「生長激素缺乏症」的孩子來說,生長激素真的是稱得上是改變他們命運的藥物,而為了這麼富有戲劇性效果的治療,家長們所要承受的負擔是相當高昂的。近年來有多家藥廠推出不同品牌的生長激素,藥物價格已經稍微親民一點,但一般來說,一年治療所需要的費用還是會到一公斤大約一萬臺幣:也就是說,一名25公斤的孩子一年生長激素的治療費用大概可以先抓25萬元左右。而且前面我們提過,治療至少要5到6年,這過程中孩子還會不斷長高變重,劑量也會隨之往上調,因此一個療程結束花到幾百萬不是很少見的個案。

　　雖然生長激素的治療所費不貲,幸好身在臺灣的家長是幸運

的：包含「生長激素缺乏症」在內的幾個特定疾病的治療，全民健康
保險是有給付相關的藥物費用（詳見章節1-9），前提是必須經過兒
童內分泌科醫師完整的追蹤和評估。所以如果有生長遲緩或是身材矮
小的孩子應該盡快尋求兒童內分泌科醫師的評估，如有需要盡早開始
治療，完全不用擔心經濟上的負擔。

相對的，對於那些沒有罹患「生長激素缺乏症」但是身高不滿
意的孩子，想靠注射生長激素來改善成人身高不但需要準備高額的治
療費用，效果也很可能不如家長的預期，所以建議家長們在考慮治療
前，一定要先衡量一下治療與否的成本效益，並且經過兒童內分泌科
醫師評估諮詢後再做決定，才能讓治療發揮最大效益。

樂高小單站

1. 美國 FDA在西元1985年核准「基因重組人類生長激素」
可用於生長激素缺乏症的治療。

2. 生長激素對於「生長激素缺乏症」的治療效果很好。和
對照組相比，男生身高可以多約9公分，女生身高可以多
約6公分。

3. 但對於正常的孩子來說，注射生長激素來改善成人身高
的效果很有限，但是需要花費高額的治療費用，家長做
決定前最好諮詢兒童內分泌科醫師。

1-9 | 附錄——
生長激素健保給付規定

1. 限生長激素缺乏症、透納氏症候群及 SHOX 缺乏症患者使用。

2. 限由醫學中心或區域醫院具小兒內分泌或小兒遺傳、新陳代謝專
   科醫師診斷。

3. 生長激素缺乏症使用生長激素治療，依下列規範使用：

　（1）診斷：施行生長激素刺激檢查有兩項以上之檢查生長激素
　　　　值均低於 7ng/mL。包括病理性（pathological）及特發性
　　　　（idiopathic）及新生兒生長激素缺乏症。

　（2）開始治療條件：

　　　a. 病理性生長激素缺乏症者須兼具下列二項條件：

　　　　i. 影像學檢查有發現下視丘——腦垂體病變或發育異常。

　　　　ii. 生長速率一年小於4公分。須具有資格申請生長激素治
　　　　　 療的醫療機構身高檢查，每隔3個月一次至少6個月以上
　　　　　 之紀錄。

　　　b. 特發性生長激素缺乏症須兼具下列二項條件：

　　　　i. 身高低於第三百分位且生長速率一年小於4公分。須具
　　　　　 有資格申請生長激素治療的醫療機構身高檢查，每隔3
　　　　　 個月一次至少6個月以上之紀錄。

　　　　ii. 骨齡比實際年齡遲緩至少二個標準差（應檢附骨齡 X 光

　　　　檢查影像）。

　c. 新生兒生長激素缺乏症

　　i. 一再發生低血糖，有影響腦部發育之顧慮者。

4. 透納氏症候群病人使用生長激素治療的原則：

（1）診斷：X染色體部分或全部缺乏的女童。（請檢附檢查報告）

（2）病人無嚴重心臟血管、腎臟衰竭等危及生命或重度脊椎彎曲等影響治療效果的狀況。

（3）開始治療條件：

　a. 年齡至少6歲。

　b. 身高低於第三百分位以下且生長速率一年小於4公分，需具有資格申請生長激素治療的醫療機構身高檢查，每隔3個月一次，至少6個月以上之紀錄。

　c. 骨齡≦14 歲

5. SHOX 缺乏症患者使用生長激素治療的原則

（1）診斷：SHOX 基因突變或缺乏。

（2）開始治療條件：

　a. 年齡至少6歲。

　b. 身高低於第三百分位以下且生長速率一年小於4公分，需具有資格申請生長激素治療的醫療機構身高檢查，每隔3個月一次，至少6個月以上之紀錄。

　c. 骨齡：男性≦16 歲、女性≦14 歲。

CHAPTER

2

生長衝刺「按時來」，
超速成長要小心！

2-1 | 吾家有女初長成？── 如何判斷青春期

　　「性早熟」是另外一個最近爸爸媽媽們非常關注的話題。在從醫的這幾年，發現越來越多家長對於孩子身體的變化越來越關注，常常發現到一點蛛絲馬跡：好像胸部碰到會痛、胸部形狀最近好像比較明顯、小孩最近長得特別快等等狀況，都會首先懷疑是不是有性早熟的問題，然後馬上將孩子帶到兒童內分泌科醫師的門診評估。

　　身為一個兒童內分泌科醫師，親身感受到家長們對於兒童生長的關注逐漸普及，當然感到非常欣慰，但是偶爾也會在門診當中發現有些家長對於這個議題的了解可能只是一知半解，甚至有些被不明來源的資訊誤導的狀況，因此接下來會花多個章節的篇幅，希望能提供家長比較完整的資訊。首先，就從正常的兒童青春期開始吧！

青春期的發育過程

　　青春期啟動的機轉是源自於下視丘──腦垂體──性腺軸的成熟。下視丘成熟到一定程度之後會開始以脈動性的方式分泌促性腺釋素（GnRH）引導腦垂體製造濾泡促進素（FSH）以及黃體素（LH），進一步通知睪丸開始分泌雄性素或是通知卵巢開始分泌雌激素。

圖 2-1-1 第二性徵發育的順序以及時間點

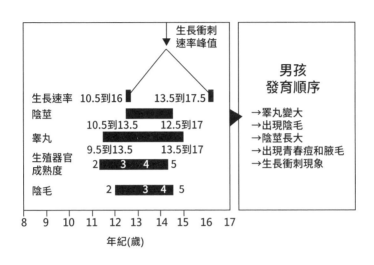

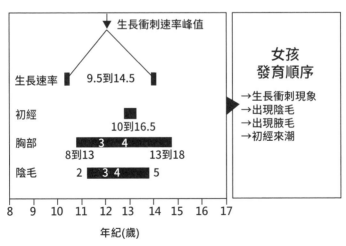

　　進入青春期後，由於性荷爾蒙分泌開始增加，造成身體發育上的明顯轉變，而在心理方面同時亦會起很大變化，是兒童逐漸轉變成大人的一個過渡期。本書主要會專注於討論青春期的生理變化和孩子在這段期間的生長過程。這樣的過渡期在男女生會有很大的差異，因此下面會依照性別來分別說明青春期啟動的時間和身體會有的第二性徵變化：（圖2-1-1）

男生青春期

　　男孩青春期第一個出現的第二性徵，通常是睪丸變大。有時候家長會問說在家怎麼觀察睪丸有沒有變大，我建議可以趁洗澡的時候用尺測量睪丸的長徑（睪丸類似橢圓體，測量大小有分長徑和短

圖 2-1-2 睪丸測量器

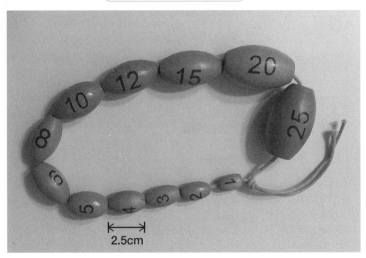

2.5cm

圖說：數字 4 代表毫升數；大於 4 毫升代表進入青春期。

徑），如果長徑大於2.5公分，就代表青春期開始了。而兒童內分泌科醫師則有專屬的工具：睪丸測量器（圖2-1-2）來測量男孩子的睪丸大小。一般而言，男孩在9到14歲大的時候開始發現睪丸變大（大於4毫升），都是屬於正常青春期啟動的年齡。

睪丸變大之後，男生接著會出現陰莖變長、陰囊顏色變深等外生殖器官的改變，接著也會開始出現陰毛、腋毛等的毛髮變化。通常爸爸媽媽也會發現小男孩的聲音開始變得低沉、甚至出現喉結。

而家長最在意的生長衝刺期（生長速度最快的時候），大概會是在男生青春期的中後期（圖2-1-3）。大約在睪丸開始變大後的1到2年，陰毛發育到有點明顯的時候，會開始有明顯生長衝刺的現象，然後在外生殖器官發育至接近成人程度前，到達高峰。

圖 2-1-3 青春期各階段的生長速率

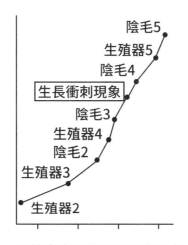

男性青春期發展里程碑順序

女生青春期

　　女孩青春期第一個出現的第二性徵，通常是胸部隆起，一般兒童內分泌科醫師是用譚納式分期（Tanner stage）來評估女孩的胸部是否發育以及發育的程度（詳見章節2-7），如果胸部發育到譚納式分期第二期以上，就代表青春期開始了。一般而言，女孩8到13歲開始發現胸部隆起，都屬於正常青春期啟動的年齡。

　　胸部隆起經過6到12個月之後，會發現身上的陰毛、腋毛也開始出現。接下來，在胸部隆起經過大約2到2.5年後，女孩的第一次月經通常就會來報到了。

　　而家長最在意的生長衝刺期，女孩的生長速度在胸部剛開始隆

圖 2-1-4 青春期各階段的生長速率

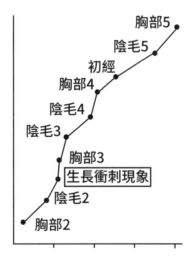

女性青春期發展里程碑順序

起的青春期初期就開始加速，之後在接近初經來潮前到達生長速度的高峰（圖2-1-4）。

結論

在進一步討論性早熟之前，我覺得有必要先讓爸爸媽媽們了解孩子正常的青春期發育過程大概會依循的步驟。有了正常青春期發展的概念之後，比較可以正確的評估孩子是否真的有提前發育或者性早熟的情況，就不會被坊間一些似是而非的說法誤導而不自知。但是在這個章節結束前要提醒一下正在做筆記的家長們：上面所描述的，的確是大部分孩子的發育過程與順序，不過每個人發育的時間點還是有可能不同，開始時間的早晚因人而異，成長的步伐亦會有所不同，如果爸爸媽媽發現孩子的青春期發育並不符合我們寫的發育時程，不用過於擔心，先找兒童內分泌科醫師進行評估，千萬不要病急亂投醫而誤用偏方。

1. 青春期期間性荷爾蒙會大量分泌，會造成身體發育上的第二性徵的出現，在心理方面同時亦會起很大變化。
2. 男生青春期大部分在9到14歲間開始，第二性徵變化依序為：睪丸變大、陰莖變長、陰囊顏色、變聲、喉結出現、陰毛初現。
3. 女生青春期大部分在8到13歲間開始，第二性徵變化依序為：胸部隆起、陰毛初現、初經來潮。

2-2 | 青春期開始的年紀提前了嗎？

「醫師，現在的小女生都那麼早就開始發育了嗎？我記得我以前大概快要三、四年級才開始有胸部，我們家妹妹現在才國小一年級就有胸部會不會太早開始啊？現在有很多人都這樣嗎？」很多家長，尤其是媽媽們，在確定小女生是真的胸部發育、青春期正要開始的當下，都會在診間反射性拋出以上的疑問。

雖然上一個章節才提過女生青春期開始的時間大概落在8歲之後，但實際我們臨床接觸的病人也是這樣嗎？女孩青春期啟動的年紀真的有越來越小的趨勢嗎？這個趨勢是全世界都一樣，還是只有部分地區、部分種族的孩子才有這樣的狀況呢？還是這只是在少子化的時代下，父母過度擔憂所產生的錯覺呢？

女生青春期開始的時間真的提前了

一般來說，各個種族女孩青春期啟動的時間都不太一樣，這也說明了基因在青春期啟動的時機上有著很重要的角色。2013年在美國以多個種族的女孩為研究對象的文獻指出（圖2-2-1），非裔、西班牙裔白人、非西班牙裔白人以及亞裔族群，青春期啟動的年齡中位

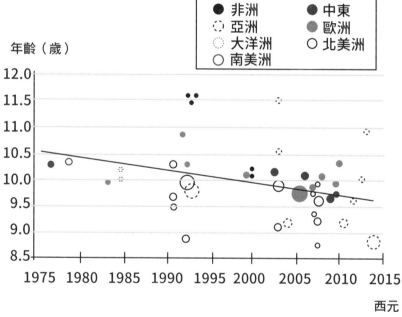

圖 2-2-1 全球女孩青春期開始年齡

數分別為8.8歲、9.3歲、9.7歲以及9.7歲[1]。

　　然而，從兒科醫生們開始關注孩子們的生長發育以來，我們同時也發現到世界各地、不同種族的女孩間，無論是胸部開始發育的時間或是初經來潮的時間，都逐漸在緩慢提早中。2020年，丹麥醫師艾克特・林德（Camilla Eckert-Lind）在蒐集了醫學文獻資料庫中近40年來關於女孩開始胸部發育的多篇文獻後，發現這段時間女孩胸部發育的年紀大約每隔10年就會提前近3個月[2]。（圖2-2-2）

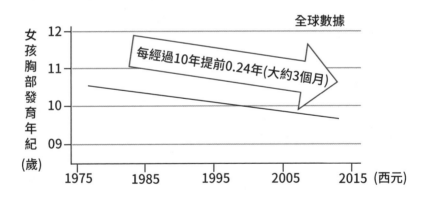

圖 2-2-2 1975-2015 年間女孩胸部發育變化

全球數據

每經過10年提前0.24年(大約3個月)

女孩胸部發育年紀（歲）

12 — 11 — 10 — 09 —

1975　1985　1995　2005　2015　(西元)

[1] Biro FM, Greenspan LC, Galvez MP, et al: Onset of breast development in a longitudinal cohort. Pediatrics 2013; 132: 1019-27.
[2] Worldwide Secular Trends in Age at Pubertal Onset Assessed by Breast Development Among Girls: A Systematic Review and Meta-analysis. JAMA Pediatr. 2020 Apr 1;174(4) :e195881.

「女孩青春期開始的時間提前」的趨勢是屬於全球性的趨勢。而且現代社會的父母大多晚婚又晚生，所以女兒青春期開始的年紀比媽媽提前一年已經不是少見的狀況。

女生青春期提前的主要原因

既然女孩青春期開始的年紀提前的趨勢是全球性而且不分種族的，代表造成這個現象的主因不在於內在基因的影響，而是在於外在環境的變化。目前一般科學家認為最主要的影響因素可能有兩個：營養狀態以及環境荷爾蒙。

兒童青春期的啟動是一個非常耗能的過程，因此孩子的營養狀態會直接影響到他們發育時機的早晚，而評估一個孩子營養狀態最簡單也最直觀的方式就是體重。在臨床上很常看到營養不良、體重過輕的孩子青春期的發育特別慢；相反的，如果是營養過剩、體重過重的孩子，青春期的發育都會比較早（詳見章節2-7）。

加上近幾十年來，全世界兒童肥胖的比例也不斷的上升，兩種情況的盛行率變化看起來有相同的趨勢，因此一般都把肥胖看作是女生青春期不斷提前的重要原因之一。

另外一個會影響發育的因素是環境荷爾蒙，其中大概包括了工業化合物、塑膠、殺蟲劑以及最近大家聞之色變的塑化劑等等。這些環境荷爾蒙因為有部分構造和人體的性荷爾蒙結構相似，如果暴露量

過大、暴露時間過長，會和人體的性荷爾蒙接受體進一步相互作用，從而產生刺激或是拮抗的作用，影響了孩子青春期啟動的時間。

因為這些環境荷爾蒙會影響孩子內分泌系統的運作，所以也被稱作「內分泌干擾素」。近代社會為了促進生活便利而大量製造、使用塑膠和工業化合物等製品，同時也增加了孩子對於這些內分泌干擾素的接觸，目前也被認為是女生青春期提前的另外一個重要因素。

結論

女孩青春期開始的年紀提前的趨勢是確實在發生的，但還是要提醒各位家長：青春期提早開始不一定就等於性早熟，不一定會影響到孩子的成人身高，不用對這個狀況過度緊張。

從前面我們可以知道，主要造成青春期提前的兩個因素是「肥胖」和「環境荷爾蒙暴露過量」，因此如果家長想避免孩子青春期太早開始，不妨從這兩方面著手：

1. 均衡飲食、控制體重（詳見章節2-7〈肥胖—青春期加速器〉）
2. 減少內分泌干擾素的暴露（詳見章節2-8〈塑化劑的影響〉）

當然還是有些孩子青春期發育的年紀和父母的遺傳體質有相關，比如媽媽初經很小就來的話，女兒胸部開始發育的年紀有時候也會比較早。不過若能做到以上兩點的話，相信可以讓孩子避免不必要

的加速發展而進一步影響成人身高。

樂高小重點

1. 女孩青春期開始的年紀提前是全世界的趨勢。近40年來每隔10年會提前3個月。
2. 目前醫界認為主要原因有兩個：
   a. 肥胖的盛行率上升。
   b. 環境荷爾蒙（內分泌干擾素）暴露量增加。

2-3 ｜ 什麼是「性早熟」?

　　相信經過前面的說明，爸爸媽媽們應該都了解到一般孩子青春期啟動的時間點：男生的第一個第二性徵大概會出現在9到14歲；女生的第一個第二性徵大概會出現在8到13歲。

　　而所謂的「性早熟」就是孩子在應該有的年紀之前就開始出現第二性徵：男生在9歲以前有睪丸變大、陰莖變長、變聲；女生在8歲前出現胸部發育、陰／腋毛發育甚至初經來潮。接下來就為家長們說明：當觀察到孩子提早有第二性徵出現的時候，兒童內分泌科醫師會安排那些評估和檢查，來決定需不需要進一步安排治療計畫。

性早熟的評估

　　和評估生長問題的時候一樣，兒童內分泌科醫師會從四個方面來評估孩子的青春期發育狀況：

病史詢問

　　包括孩子的出生史（有沒有早產、是不是低出生體重）、過去病史有沒有腦部發炎或腫瘤的病史、最近幾年的身高體重紀錄有沒有明顯的變化，還是沿著原本的生長曲線成長，以及爸爸媽媽自己過去有沒有性早熟或是性晚熟（男生在14歲之後、女生在15歲之後才開

始有第二性徵）的病史。這些訊息能幫助我們再做進一步評估之前了解孩子性早熟的可能性或是成因。

身體理學檢查

有時候家長發現小女孩胸部突然變得比較明顯，就急忙帶孩子到門診檢查，但經過我們評估發現其實只是孩子稍微肉一點而已，並不是真的胸部發育，因此完整的身體理學檢查也是相當重要的。兒童內分泌科醫師在懷疑性早熟的孩子主要注重第二性徵的檢查：女生胸部發育程度、男生睪丸形狀大小、陰毛發育的狀況、腋毛發育的有無等等評估，讓我們更了解青春期進展程度。

血液檢驗

主要是檢驗性荷爾蒙（男生：雄性素；女生：雌激素）分泌的高低。不過有些才在剛進入青春期前期的小朋友，這些性荷爾蒙可能不夠穩定，所以通常會一起檢查其他性釋素如：濾泡促進素（FSH）以及黃體素（LH），還有其他腫瘤指數像乙型人類絨毛膜促性腺激素（βHCG）或甲型胎兒蛋白（AFP）一起協助判斷。

影像學檢查

最主要做骨齡檢查來評估體內成熟的程度，用來評估剩餘生長空間。女生的話，另外會安排腹部或骨盆腔超音波，直接評估子宮和卵巢的成熟程度。如果有必要，會進一步安排腦部中下視丘——腦下垂體核磁共振的影像學檢查。

性早熟的分類

經過上面提到的初步評估之後，若是懷疑真的是性早熟的孩子，兒童內分泌科醫師會安排進一步的抽血檢查——性釋素刺激檢查。

性釋素刺激檢查的作法為從靜脈注射性釋素（GnRH），在注射前及後30、60、90、120分鐘各抽血檢查FSH、LH，然後依照FSH、LH的濃度變化來判斷下視丘—腦垂體—性腺系統（Hypothalami-pituitary-gonada l axis）是否活化導致青春期啟動（圖2-3）。臨床上根據性釋素刺激檢查的結果，性早熟可以分為兩類：「中樞性性早熟」以及「周邊性性早熟」。

圖 2-3 性釋素刺激檢查的判讀

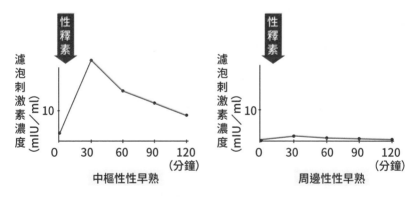

若給予性釋素刺激後，若濾泡刺激素濃度超過10mIU／ml，則屬於中樞性性早熟

中樞性性早熟

如果性釋素刺激檢查的結果發現下視丘—腦垂體—性腺系統開始活化了，就屬於中樞性性早熟，又被稱為腦下垂體性腺促素依賴型

性早熟。中樞性性早熟除了可能是孩子本身自己的青春期啟動了，還要注意是否有腦部感染如腦膜炎、腦炎或是其他腦部腫瘤、腦部外傷等問題。

其中是男孩檢查出中樞性性早熟的時候，更要特別小心。因為中樞性性早熟一般來說比較常發生在女生，男生女生的發生率比例大約一比五到一比十。女孩中發生中樞性性早熟的孩子絕大部分經過檢查後找不出特定的病因，幾乎都是特發性中樞性性早熟；但男孩中發生中樞性性早熟的孩子，就有三分之一到六成左右的孩子會發現有腦部方面的病變。因此確診中樞性性早熟的男生都需要安排前面提到的腦部核磁共振的檢查；而確診中樞性性早熟的女生大部分不需要額外安排腦部磁共振檢查，除非確診時的年紀太小（早於6歲）。

周邊性性早熟

如果性釋素刺激檢查的結果發現下視丘─腦垂體─性腺系統還沒開始活化，小朋友就有第二性徵，就屬於周邊性性早熟，又被稱為腦下垂體性腺促素非依賴型性早熟。大部分周邊性性早熟都是腦部以外的病因造成：於如先天性腎上腺增生症、腎上腺腫瘤、卵巢囊腫或腫瘤、睪丸腫瘤等產生性荷爾蒙後促進孩子第二性徵的進一步成熟。

結論

當經過完整的評估之後，大概就可以確定治療的方向了：如果屬於周邊性性早熟，最重要的就是找出病因，針對病因作處理才能讓青春期的進展慢下來；如果確定是中樞性性早熟的孩子，在經過腦部核

磁共振檢查排除了其他病因之後，則可以考慮接受促性腺釋素類似物（GnRH analogue）—或是家長比較常聽過的「退早熟針」—的注射治療，來對孩子的青春期進程進行抑制，以保護孩子的成人身高。

目前全民健康保險對於中樞性性早熟的孩子接受促性腺釋素類似物的治療是有給付的，不過仍必須在治療前通過兒童內分泌科醫師依據相關規定（詳見章節2-4）的專業審核，才會給付接下來一年份的療程。並且每年都需要提出過去一年間的治療成效來更新下一個年度的給付資格。其實大部分孩子的狀況都不容易符合健保的給付規定，因此很多家長都會考慮讓孩子接受自費的治療。可是，真的每個中樞性性早熟的孩子都需要接受促性腺釋素類似物的治療嗎？讓我們在後續章節，仔細和爸爸媽媽們分析。

樂高小重點

1. **性早熟的定義：男生在9歲前出現第二性徵、女生在8歲前出現第二性徵。**
2. **除了一般的病史詢問、檢驗以及評估之外，還需要做為時兩小時的性釋素刺激檢查來分辨病童是屬於中樞性性早熟還是周邊性性早熟**
3. **中樞性性早熟在男女的發生率是一比五到一比十。女病童有九成是特異性找不出特定病因；但男病童有三分之一到六成可以發現腦部病變。**
4. **周邊性性早熟大部分會有腦部以外的特定病因。**
5. **促性腺釋素類似物的注射治療只有對中樞性性早熟的孩子有效。**

2-4 | 附錄──中樞性性早熟治療健保給付規定

　　Gn-RH analogue （性釋素類似物）用於中樞性性早熟病例需經事前審查核准後依下列規範使用。

1. 診斷：中樞性性早熟LHRH測驗呈濾泡刺激素反應最高值≧10 mIU/mL且合併第二性徵。包括特發性中樞性性早熟和病理性中樞性性早熟。

2. 開始治療條件：

　（1）年齡：開始發育的年齡，女孩7歲以下，男孩8歲以下。

　（2）骨齡加速：較年齡至少超前二年。

　（3）預估成人身高需兼具下列3條件：

　　a. 女生預估成人身高小於153公分；

　　　男生預估身高小於165公分。

　　b. 比標的身高至少相同或較矮；標的身高=【父親身高＋母親身高＋11（男）－11（女）】÷2。

　　c. 在追蹤6至12個月期間，骨齡增加與年齡增加比率超過兩倍，且預估成人身高減少至少5公分。

　（4）病理性中樞性性早熟中合併中樞疾病者，不受（2）、（3）之限制。

2-5 ｜ 中樞性性早熟的 表現與治療

很多爸爸媽媽聽到自己的孩子被確診「性早熟」之後，第一個反應通常都是：「那是不是要趕快打退早熟針，讓他／她的發育不要再繼續快下去啊？」

首先，前面章節有提到，所謂的退早熟針，或是促性腺釋素類似物的注射治療，只有對中樞性性早熟的孩子有效。

如果性釋素刺激檢查結果顯示孩子是屬於周邊性性早熟的話，其實治療的重點反而不是注射針劑的治療，而是應該針對引起性早熟的原因來處置。那如果孩子的診斷是中樞性性早熟，就是需要馬上開始治療嗎？

中樞性性早熟的臨床表現

很多家長在門診中都很希望診斷出中樞性性早熟的孩子能夠盡早接受促性腺釋素類似物的注射治療，最主要都是因為擔心孩子的發育太快，生長板會過早癒合，導致孩子最後的成人身高受到影響。

不過並不是每一個中樞性性早熟的孩子，都會影響到他／她們最後的成人身高。根據中樞性性早熟的臨床表現，我們大致上可以分成三大類，而會影響到成人身高的，其實只有其中的一種：

第一類：快速進展的性早熟

臨床上以「骨齡增加速度超過年紀增加速度的兩倍以上（例如：追蹤半年間，骨齡增加超過一歲）」定義為快速進展的性早熟。有一部分的女孩和絕大部分的男孩，是屬於這種快速進展的性早熟，導致生長板提早癒合，進而影響最終的成人身高。前面提到的促性腺釋素類似物治療，最主要就是應用在這些病童身上。

第二類：非快速進展的性早熟

臨床上以「骨齡增加速度和年紀增加速度同步增加（例如：追蹤半年間，骨齡增加差不多半歲）」定義為非快速進展的性早熟。大部分的女孩和少部分的男孩，雖然診斷出有中樞性性早熟，但是生長板閉合的程度並沒有跟著加速，因此並不一定會影響到孩子最終的成人身高，當然也不一定需要用到促性腺釋素類似物的治療。

第三類：未進展且消退的性早熟

臨床上以「骨齡增加速度比年紀增加速度慢（例如：追蹤一年間，骨齡增加差不多半歲）」定義為未進展且消退的性早熟。有少部分的孩子性早熟在一段時間後會自行消退，當然就不會影響最終的成人身高，也完全不需要治療。

中樞性性早熟的治療原理

　　從前面的分類就知道，只有第一種中樞性性早熟會影響到病童的最終成人身高，同時也才有接受促性腺釋素類似物治療的必要。

　　為什麼促性腺釋素類似物可以產生壓制青春期的作用呢？前面有提過，青春期啟動的機轉是源自於下視丘－腦垂體－性腺軸的成熟，下視丘成熟到一定程度之後會開始以脈動性的方式分泌促性腺釋素（GnRH）來啟動一連串的反應讓身體開始分泌大量性荷爾蒙。

　　而長效的促性腺釋素類似物（GnRH analogue）是藉由長期的刺激，抵銷了促性腺釋素分泌的脈動性，進而降低性荷爾蒙的分泌，甚至讓發育退回到青春期前的狀態。

　　因此，中樞性性早熟的孩子在接受治療的當下，生長的速度會下降，因為身體發育回到了青春期前的狀態；但同時生長板的癒合程度也會跟著減緩或停止，進而延長了生長的時間，因此有機會改善病童的最終成人身高。

　　值得一提的是，在治療的過程中，有些女孩會出現縮退性出血（withdraw bleeding）這種很像月經的陰道出血，通常是出現在開始治療的第一個月。如果家長發現孩子有這樣的狀況，先不用擔心，回診時告知醫師就可以了。

沒有性早熟也可以接受治療嗎？

　　其實在門診當中還有另外一群孩子，他們並沒有符合性早熟的診斷（青春期開始的時間點符合一般兒童），但骨齡檢查卻發現生長板有成熟度超前的現象，這種單純發育太快的孩子也需要治療嗎？其實和診斷性早熟的孩子一樣，必須追蹤一段時間來分辨他／她們的臨床表現是屬於哪種類別，如果是屬於快速進展型的青春期發育，有可能會影響最終成人身高，才有治療的必要。絕對不是骨齡太快就需要接受促性腺釋素類似物的治療！畢竟就算是診斷出性早熟的孩子也不是每一個都有治療的必要。

結論

　　平常在門診和家屬解釋的時候，我習慣把孩子長高的過程比喻成跑馬拉松。

　　骨齡檢查結果超前或是中樞性性早熟的孩子，有點類似在馬拉松提前起跑的狀況。孩子雖然在成長的賽道上提前起跑，可能會有提前到達終點的情況，也就是身高提前達到成人身高而停止生長。不過大部分狀況，提早起跑雖然會提早到達終點，還是可以完成完整的馬拉松（也就是達到父母的遺傳身高）。但是有少部分小朋友會有快速進展的表現，也就是前面衝太快，結果後面無力延續，導致孩子的生長太早結束而無法達到目標身高。大家所認知到的「性早熟身高會矮」，說的就是這種快速進展的狀況。真的需要治療的，也是這些快速進展的中樞性性早熟或是快速進展的青春期。（圖2-5）

　　那一樣都是骨齡超前或是性早熟的小朋友，怎麼知道他／她們會依照哪一種臨床表現發育呢？答案是：我也不知道，要經過一段時間追蹤和評估才能確認。因此當家長發現孩子有中樞性性早熟或是骨齡超前的狀況時，最重要的是和兒童內分泌科醫師配合，定期追蹤和評估，才能制定出對孩子最好的成長計畫。

圖 2-5 中樞性性早熟影響身高示意圖

快速進展性早熟會影響成人身高

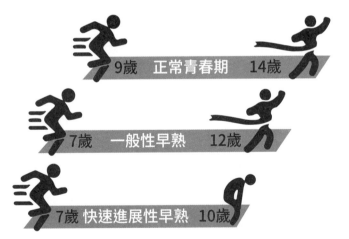

9歲　正常青春期　14歲

7歲　一般性早熟　12歲

7歲　快速進展性早熟　10歲

1. 中樞性性早熟可以依臨床表現分三類：
   a. 快速進展的性早熟
   b. 非快速進展的性早熟
   c. 未進展且消退的性早熟
2. 快速進展性的性早熟才需要接受促性腺釋素類似物的注射治療。
3. 促性腺釋素類似物是藉由長期的刺激，抵銷了促性腺釋素分泌的周期性，進而降低性荷爾蒙的分泌，抑制兒童的青春期。
4. 單純的骨齡超前不是性早熟，不用因為骨齡超前就考慮治療。

2-6 ｜ 中樞性性早熟治療的注意事項

　　在前面的章節有和爸爸媽媽們解釋過：不是中樞性性早熟就一定要治療，更不是骨齡成熟度過快就需要治療。最重要的還是和兒童內分泌科醫師配合，定期回診接受評估，才可以避免不必要的用藥或是錯過了治療的時機。

　　然而，如果經過了完整的追蹤評估以及各式檢查之後，最終決定讓孩子接受促性腺釋素類似物的治療的話，要注意那些事情呢？相信這是各位家長們接下來最想要了解的題目了。

性早熟治療的注意事項

1.按時打針

　　現在關於性早熟的治療，都是屬於長效型的針劑，有分成1個月一針和3個月一針的劑型兩種（表2-6）。由於藥物劑量是屬於長效型緩慢釋放藥物的針劑，所以如果每劑針劑中間的間隔時間超過建議的時間，就算是只有一到兩星期，對於青春期的抑制或是生長板的作用都會變差，這就可能會影響到孩子最後的成人身高。因此爸爸媽媽最重要的就是定期回診接受治療，如果剛好有急事無法準時回診，盡量選擇提前注射治療也不要延後。

表 2-6 中樞性性早熟常見治療藥物

中樞性性早熟治療藥物		
商品名	柳菩林	達菲林
藥物成分	leuprorelin acetate	triptorelin
劑型 （劑量／作用時間）	3.75 毫克 /1 個月	3.75 毫克 /1 個月
	11.25 毫克 /3 個月	11.25 毫克 /3 個月

2.可能會有假月經

上個章節有提到：長效的促性腺釋素類似物能治療性早熟的原理，是藉由長期的刺激抵銷了促性腺釋素分泌的脈動性，進而降低性荷爾蒙的分泌，讓發育回到青春期前的狀態。而在治療前如果小女生的發育夠成熟，子宮內膜已經開始增厚，那麼開始治療後因為性荷爾蒙的濃度突然降低，以致無法維持已形成的子宮內膜，就會造成子宮內膜提前崩解排出，產生縮退性出血（withdraw bleeding）這種很像月經的表現。一般這種縮退性出血都只會出現在剛開始治療的第一個月，之後如果按時接受注射，性荷爾蒙持續被有效的抑制，那麼子宮內膜當然就無法增厚，自然就不會再出現假月經的狀況了。

3.治療後容易發胖

在門診中追蹤這些接受治療的性早熟病童時，偶爾會發現有部

分的孩子在開始打針治療以後，體重好像坐電梯一樣直線上升，這是因為接受治療的副作用嗎？其實促性腺釋素類似物的藥物本身不會讓小朋友增胖，不過在前面的章節有提到過：中樞性性早熟的孩子在接受治療的當下，生長的速度會下降到接近青春期前的生長速率。

試想，如果孩子往上生長的速度變慢，但是每天吃進肚子裡的熱量還是一樣，多出來的熱量當然就往橫向累積了。所以在治療之前，我都會提醒小朋友要「盡量多運動、每天量體重」，才不會在治療過程中讓體重無限制的增加，畢竟肥胖也會促進青春期或是性早熟的進展。如果一邊接受藥物的抑制，另一邊卻讓脂肪細胞不斷增加，這樣治療的效果就會大打折扣了。（詳見章節2-7）

性早熟治療的副作用

除了前面提到的三個注意事項以外，在開始接受促性腺釋素類似物的治療期間內，孩子可能還會碰到兩種常見的副作用：

1.注射部位紅腫熱痛

就像接種其他種類的疫苗注射一樣，注射部位局部紅腫是最常發生的副作用。尤其是治療注射的針劑中除了促性腺釋素類似物的成分以外，還包含了讓藥物能夠長期、緩慢釋放的「佐劑」。有些小朋友就是對這種佐劑產生了過敏的反應，而在注射部位發生了紅腫熱痛的狀況，甚至有百分之五的病童，會在注射部位產生「無菌性膿瘍」

的反應，意思是注射處因為過敏而產生化膿的現象，而不是細菌感染所引起。

如果「無菌性膿瘍」的範圍不大，可以先觀察等它自行吸收；如果範圍很大或是很久都不消退，就可能需要外科醫師的手術引流來排除。

如果孩子在注射處產生紅腫熱痛的現象，建議可以先觀察即可，通常經過幾天後症狀會慢慢消退。如果每次注射都有這麼嚴重的過敏反應，甚至出現上面提到的「無菌性膿瘍」，那可以和醫師討論嘗試換不同廠牌或是不同劑型的藥物。

2.骨質密度下降

根據之前的醫學研究顯示：和注射安慰劑的控制組相比，接受促性腺釋素類似物治療的孩子骨質密度較低，發生骨質缺乏（osteopenia）發生的機會也較高。會產生這樣的副作用，是因為雌激素／雄性素是骨質累積的重要激素。然而當孩子在接受性早熟的治療時，性荷爾蒙的分泌會被長期抑制，當然也就會影響到孩子的骨質密度。

幸好根據相同的醫學研究也讓我們知道，這些接受治療的孩子實際真的有骨折的發生率和安慰劑組別是差不多的，並沒有比較高；而且從後續的追蹤看起來，骨質密度在剛停藥的時候最低，之後隨著時間慢慢會恢復。建議孩子在結束治療後可以從以下三個方面來補充

缺少的骨質：

1. 多補充牛奶等高鈣食物。

2. 多曬太陽補充維生素D。

3. 多從事負重運動。

結論

大致上而言，治療中樞性性早熟所使用的促性腺釋素類似物算是相對安全的藥物，除了上面列出的幾個需要注意的地方，基本上沒有太嚴重的副作用需要擔心。然而，同時要提醒家長，孩子接受治療並不是只有好處沒有壞處，不是打了針就也一定對成人身高有幫忙而且完全沒有副作用。

另外如同我在前面幾個章節都有提到的：中樞性性早熟的治療雖然可以申請健保的給付，不過為了避免藥物被濫用，健保給付促性腺釋素類似物的治療需經過健保局的事前審核才能開立，而健保局審核的標準十分嚴格（詳見章節2-4），絕大多數的孩子連性早熟的定義都不一定符合，更何況是要符合健保給付的標準。所以很多家長讓孩子接受促性釋素類似物的治療只能選擇自費使用，需要準備一筆不小的費用。

因此在決定是否開始治療之前，一定要確定自己和孩子是已經清楚了解到藥物治療的好處、風險以及治療的極限，在和兒童內分泌科醫師充分溝通之後，再為自己的孩子做好最適合的治療計畫。

1. 性早熟治療的注意事項：
   （1）必須按時打針治療
   （2）女生可能會有假月經
   （3）治療後容易發胖
2. 性早熟治療的副作用：
   （1）短期：注射部位局部紅腫熱痛、無菌性膿瘍。
   （2）長期：骨質密度較差，但停藥後會逐漸恢復。

2-7 ｜ 肥胖──青春期的加速器

「醫師我們家妹妹胸部滿明顯的耶，這樣到底只是她比較肉肉的而已，還是胸部真的已經開始發育了啊？」

近年來兒童肥胖的比例不斷地在上升，相信這也是很多有女兒的家長心中的疑問。明明才5、6歲而已，怎麼胸部就那麼明顯，穿衣服都會有形狀跑出來了呢？這樣到底是不是開始發育了？

如何判斷胸部是否發育

在前面的章節有提過，兒童內分泌科醫師主要是用譚納式分期（Tanner stage）來評估女孩的胸部發育程度。（圖2-7-1）

圖 2-7-1 乳房發育的譚納式分期（Tanner stage）

第一期　　　第二期　　　第三期　　　第四期　　　第五期

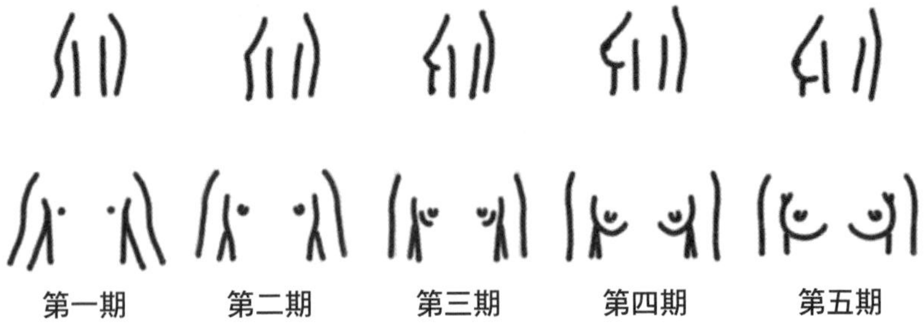

第一期：完全未發育。

第二期：乳房、乳頭增高，乳暈變大。

第三期：乳房、乳暈持續變大，乳暈和乳房輪廓未清楚分明。

第四期：乳暈、乳頭在乳房上形成另一小丘般突起。

第五期：成熟乳房：僅乳頭突出，乳暈相對平坦或凹陷。

　　有些體重過重或肥胖的小女孩，看起來乳房也會比較明顯，這時候可以仔細觀察一下乳頭和乳暈：如果乳頭和乳暈都還平平的，那可能乳房只是因為脂肪的堆積所以形狀比較明顯；但如果乳頭或乳暈也跟著凸起或變大，那就很可能是青春期將要開始的表現了。

　　另外，青春期的女孩因為雌激素和黃體素開始分泌，會進一步刺激乳房乳管的生長以及乳腺的分化，同時乳管周圍的結締組織也會增加，所以乳頭或乳暈的下方可能會摸到有硬塊，比較敏感的孩子也可能會開始抱怨穿衣服或碰到胸部時會有疼痛的感覺，甚至沒有碰觸到胸部也有些微的痛感。如果孩子有以上的狀況，像是胸部有摸到硬塊或是會抱怨疼痛，那開始發育的可能性就比較大了。

肥胖也會加速發育，甚至造成性早熟

　　雖然胸部肉肉的小女生不一定就是真的有在發育，但是現在已經有大量的研究證實，體重過重甚至是肥胖的女生青春期發育比標準體重的女生早，甚至連性早熟的比例也明顯增加。根據一篇在2013

1 Marshall WA; Tanner JM, Arch Dis Child. 1970;45:13-23

年在美國所發布的研究結論發現[2]（圖2-7-2）：在1997年時，女生早於8歲就表現第二性徵的比例大概接近 10%；但到了 2013年的時候，女生性早熟的比例竟增加到接近30%【虛線B】。研究人員進一步將這些被納入研究的小女生以BMI是否大於85百分位（是否過胖）分組，可以發現肥胖的女生性早熟的比例【虛線D】，明顯比體重正常的女生高出許多【虛線C】。

為什麼肥胖的女生會比較早進入青春期呢？

　　主要是因為青春期的發育是屬於一種非常耗能的過程，所以身體需要儲備到足夠的能量才會開始進行青春期的發育。但是當孩子攝取了過多的營養，身體會將額外的熱量轉換變成脂肪細胞儲存在身體之中。脂肪細胞本身構成就包括了膽固醇以及三酸甘油脂，其中的膽固醇更是孩子性荷爾蒙的重要成分之一，因此當體內儲存了過多的脂肪細胞，身體就會認為自己已經準備好進入青春期而開始出現第二性徵，所以很多體重過重或是肥胖的女生都會比較早一點開始進入青春期。

結論

　　近二三十年來，隨著社會的進步以及糧食生產技術的改善，兒童肥胖的盛行率一直不斷上升，相對的性早熟的比例也跟著增加不少。當然絕大部分的性早熟都沒有特定的病因，不過如果家長希望孩

2 Pediatrics. 2013 Dec;132(6)：1019-27. doi: 10.1542/peds.2012-3773. Epub 2013 Nov 4.

圖 2-7-2 1997 ～ 2013 年女孩進入青春期的年紀

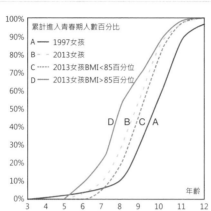

子的青春期發育不要過於快速的話，適當的控制體重絕對是一個可以努力的方向。但同時孩子的生長也是需要一定的熱量或能量，因此在兒童時期應該避免過於劇烈的節食或是減重策略。除了規律的運動之外，減少攝取蛋糕、甜食、含糖飲料等高熱量的垃圾食物，搭配均衡的飲食和充足的睡眠，相信都能有效的幫助孩子維持生長發育時所需要的熱量，又不至於造成營養過剩而產生性早熟的問題。

1. 體重過重或是肥胖會造成女孩有青春期發育加速甚至性早熟的現象。
2. 透過規律的運動、均衡的營養攝取以及充足的睡眠可以有效控制體重，避免不必要的青春期發育加速。

2-8 | 塑化劑的影響

　　自從2011年臺灣發生塑化劑事件以來，相信每個爸爸媽媽都開始「聞塑色變」。在當時不管是政府抽驗或是業者自行送驗的品項中，不只是各式塑膠包裝或是手搖的飲料，連很多果醬、果凍，甚或是各種膠囊、錠狀、粉狀的保健食品以及化妝品也都被發現有遭到塑化劑汙染，在現代講求便利的社會中生活真的很難完全避免接觸到塑化劑。

　　到底這些塑化劑的製品會怎麼影響孩子們的生長發育？日常生活有哪些物品或是食品比較有風險應該避免？以下這個章節就是專門介紹塑化劑造成的影響，希望提供家長一些方向。

塑化劑都用在哪裡？

　　現在大家比較常聽到的「塑化劑」其實是「環境荷爾蒙」的一種，而環境荷爾蒙又被稱作「內分泌干擾物質」（Endocrine disrupting chemicals, EDC）。所謂的環境荷爾蒙其實在我們日常生活中無所不在，除了前面提到的飲料包裝、食品包裝、各式膠囊、錠劑、粉劑的健康食品以外，其他如：塑膠容器、餐具，塑料用品、玩具、文具、紙餐盒、紙杯內層的塑膠膜，感熱紙中所含的雙酚A、

雙酚S，甚至是蔬果種植會用到的除草劑、除蟲劑等都可能會有環境荷爾蒙的殘留，要完全避免是相當相當地不容易。

另外這類內分泌干擾物質之所以被稱為環境荷爾蒙，是因為這些物質在環境當中需要相當長的時間才會被自然分解，所以在很多地方的土壤或是水源也常常會檢驗出這些內分泌干擾物質，生活在這些環境的動物就很容易遭受到這些環境荷爾蒙的汙染。當這些動物被環境荷爾蒙所汙染後，沒有代謝掉的部分就儲存在身體的脂肪細胞內，所以動物的皮、肥肉、骨髓、內臟脂肪、動物油等我們食用的部位也是很常見的環境荷爾蒙來源。

塑化劑對孩子發育的影響

環境荷爾蒙，或稱「內分泌干擾物質」的化學結構與人體的荷爾蒙相似，如果暴露過量可能會對人體或動物本身的內分泌系統造成干擾，進而引起相關疾病。

對女孩來說，接觸過量環境荷爾蒙會導致女生性早熟的機率變高；而對於男生來講，則容易有男性女乳症、精蟲數量減少或品質下降等問題。此外，如果媽媽懷孕時接觸到太多環境荷爾蒙，可能會讓寶寶有生長遲滯、早產、低出生體重等狀況，而男嬰的部分則可能會發現有陰莖短小、尿道下裂、隱睪等外生殖器異常等問題。

除了這些跟生長發育比較相關的疾病之外，目前也有研究顯示環境荷爾蒙的過量暴露也可能增加青少年與成人罹患甲狀腺疾病、肥胖、代謝症候群與心血管疾病的機率；甚至也會讓前列腺癌、乳癌、子宮內膜癌、卵巢癌等荷爾蒙相關的癌症發生率上升。

　　因此塑化劑或是環境荷爾蒙並不只是對於孩子的生長發育有深遠的影響，對於嬰幼兒、懷孕婦女以及成人來說也同樣會有健康的危害。（圖2-8）

結論

　　雖然從2011年的塑化劑事件爆發以來，相信不管是政府的主管單位以及一般民眾對於塑化劑或是環境荷爾蒙都有了更深一層的認識和警覺心。但從上面的文章可以發現，不管我們再怎麼小心，這些含有環境荷爾蒙的製品已經滲透在我們生活周遭的各個角落，想要完全避免接觸到它們是非常困難的了。那既然這些環境荷爾蒙會對孩子的生長發育造成嚴重的影響，那家長有什麼措施可以幫忙孩子減少它們的危害呢？

　　下一個章節我們就來談談有沒有方法，可以將環境荷爾蒙對人體的影響減到最低。

樂高小重點

1. 塑化劑，又可以稱作環境荷爾蒙，因為化學結構和人體的荷爾蒙相似，如果暴露過量會干擾人體內分泌系統的運作。
2. 環境荷爾蒙過量對人體的危害：
   a. 女孩：性早熟。
   b. 男孩：男性女乳症或睪丸縮小、精蟲減少。
   c. 男嬰：隱睪、陰莖短小或尿道下裂等外生殖器異常。
   d. 孕婦：寶寶有生長遲滯、低出生體重或早產的狀況。

圖 2-8 環境荷爾蒙對人體的危害

女性
*與乳癌、子宮內膜癌、卵巢癌的發生有關
*子宮內膜異常增生，受孕力下降
*卵巢功能下降

【環境賀爾蒙對人體的傷害】
自閉、過動症
甲狀腺癌增加
干擾代謝、免疫系統
神經系統受損
肝、腎功能損傷
肥胖與第二型糖尿病的發生率遽增

男性
*與前列腺癌、睪丸癌有關
*精蟲數下降、生殖力下降低
*睪丸縮小

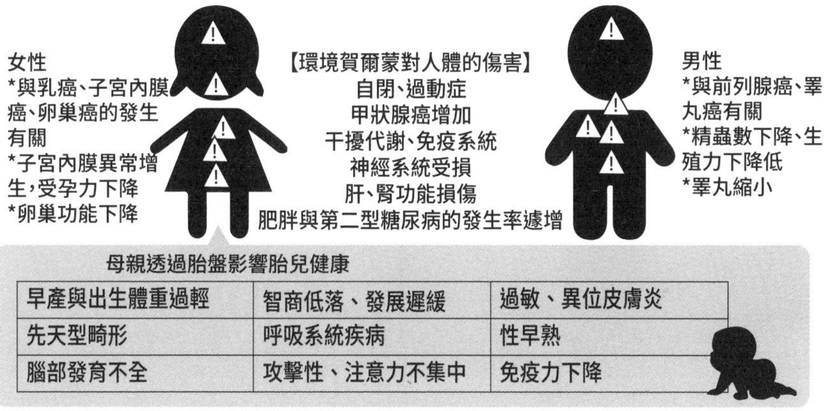

母親透過胎盤影響胎兒健康

早產與出生體重過輕	智商低落、發展遲緩	過敏、異位皮膚炎
先天型畸形	呼吸系統疾病	性早熟
腦部發育不全	攻擊性、注意力不集中	免疫力下降

https://topic.epa.gov.tw/edcs/cp-165-7677-65bf6-6.html 行政院環保署環境荷爾蒙資訊網站

2-9 | 如何降低環境荷爾蒙的影響

上一個章節提到環境荷爾蒙對於兒童生長發育的影響，不只是女生會有性早熟的狀況，對男生來說也會有男性女乳症、精蟲活力減低、睪丸縮小的情形。尤其是懷孕的媽媽們暴露過量的環境荷爾蒙是有可能會造成胎兒的生長遲滯，導致新生兒有早產、出生體重過輕等問題，小男嬰也可能出現陰莖短小、尿道下裂、隱睪等外生殖器官的異常。

既然環境荷爾蒙對我們的生長發育和健康有這麼大的影響，我們平時該怎麼避免接觸呢？其實要完全避免接觸到這些環境荷爾蒙是有相當大的難度，因為無論是清潔用品、電子產品、塑膠製品、紡織製品、兒童用品，甚至是平常食用的蔬菜水果，其實多多少少都殘留部分的環境荷爾蒙。因此建議家長可以從兩個方面來盡量降低這些環境荷爾蒙對我們的影響。

尋找替代品，減少接觸機會

1. 避免使用塑料容器、塑膠製品、紙餐盒、紙碗、紙杯等一次性免洗餐具。這些免洗餐具大多都含有塑化劑或是雙酚 A 等物質，如

果拿來盛裝熱食或是跟著食物一起微波加熱都會增加人體對於這些環境荷爾蒙的暴露。建議可以改用玻璃、陶瓷或不銹鋼餐具作為替代。

2. 平日飲食選擇當季盛產的蔬菜和水果。如果不是當季的蔬果，在種植過程中可能比較會需要殺蟲劑或是農藥來保證產量和品質，相對來說環境荷爾蒙的殘留也會增加。所以選擇當季蔬果，或是有政府安全蔬果標章認證之農產品也可以減少環境荷爾蒙的暴露。

3. 平時的消費行為可盡量選擇電子支付或載具。感熱紙以及複寫紙也都含有雙酚類的環境荷爾蒙，多用電子支付以及載具可以減少接觸如收據、號碼牌等感熱紙或複寫紙。

4. 減少食用脂肪量高的食物。前一個章節有提過，環境荷爾蒙很容易囤積在動物的脂肪細胞內，所以如果太常吃像是皮、肥肉、內臟、骨髓等高油脂的食物，接觸到的環境荷爾蒙濃度也會比較高，所以應該盡量避免。

5. 減少孩子使用不必要的化妝品或是保養品。之前在門診有碰過一個5歲的妹妹，因為很愛擦媽媽的口紅和指甲油，擦到都長胸部了。有香味的化妝品或保養品很多都使用塑化劑當作定香劑，所以建議不要讓小朋友太早接觸化妝品。孕婦或是兒童如果要擦一些保養品或是乳液，一定要慎選，盡量選擇天然成分的產品。

6. 避免服用不必要的保健食品或藥物。各式膠囊、錠劑、粉劑都會用到塑化劑，所以建議家長想要讓孩子補充保健食品前，先和醫師或藥師討論，看看是否真的有必要額外補充，這樣也能減少不必要的暴露。（圖2-9）

養成好習慣，降低體內殘留

1. 多用肥皂常洗手。既然環境荷爾蒙或是塑化劑的各類製品已經滲透到我們日常生活的各個角落，想要完全避免已經是不太可能了。不過最近有研究證實，多用肥皂洗手可以很有效的減少手上殘留的塑化劑，經過一段時間之後再檢查這些人體內塑化劑的濃度也跟對照組比起來明顯低很多。所以用肥皂洗手真的是可以降低塑化劑危害的好習慣。

2. 多喝水多運動。雖然這些環境荷爾蒙主要是屬於脂溶性的物質，但是每天補充足夠的水分，以及透過規律且中高強度的運動，都有利於幫助這類環境荷爾蒙的物質經由尿液或是汗水排出體內，降低塑化劑儲存在體內的濃度。

結論

雖然我們的日常生活已經很難不和這些環境荷爾蒙或是塑化劑接觸，不過各位爸爸媽媽們還是可以從小細節做起，盡量減少接觸這類含有塑化劑的製品，就算接觸了也能有效降低塑化劑殘留在體內的濃度，讓環境荷爾蒙對孩子生長發育的影響可以降到最低。

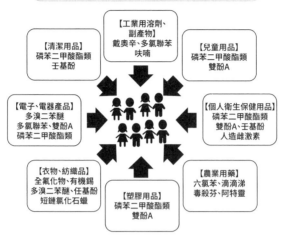

圖 2-9 常見環境荷爾蒙種類及用途

【工業用溶劑、副產物】
戴奧辛、多氯聯苯
呋喃

【清潔用品】
磷苯二甲酸酯類
壬基酚

【兒童用品】
磷苯二甲酸酯類
雙酚A

【電子、電器產品】
多溴二苯醚
多氯聯苯、雙酚A
磷苯二甲酸酯類

【個人衛生保健用品】
磷苯二甲酸酯類
雙酚A、壬基酚
人造雌激素

【衣物、紡織品】
全氟化物、有機錫
多溴二苯醚、壬基酚
短鏈氯化石蠟

【塑膠用品】
磷苯二甲酸酯類
雙酚A

【農業用藥】
六氯苯、滴滴涕
毒殺芬、阿特靈

樂高小童貼

1. 尋找替代品，減少接觸機會：
   a. 避免使用塑料容器、塑膠製品、紙餐盒、紙碗、紙杯。
   b. 平日飲食選擇當季盛產的蔬菜和水果。
   c. 平時的消費行為可盡量選擇電子支付或載具。
   d. 減少食用脂肪量高的食物。
   e. 減少孩子使用不必要的化妝品或是保養品。
   f. 避免服用不必要的保健食品或藥物。
2. 養成好習慣，降低體內殘留：
   a. 多用肥皂常洗手。
   b. 多喝水多運動。

https://topic.epa.gov.tw/edcs/cp-168-7680-d8309-6.html 行政院環保署環境荷爾蒙資訊網站

CHAPTER

3

打好地基起大厝，
揭開生長小祕密

3-1 | 成長三要素（1）：營養

　　前面花了兩大章節的篇幅，介紹了關於身材矮小與性早熟的診斷以及治療。但是在門診中，我所診視過的孩子大部分並沒有這方面的問題，他們的身高體重發育都符合應該有的生長過程。不過就算如此，還是有很多爸爸媽媽在看完診後，會想要多問幾句：「那我們還可以做些什麼來幫助孩子長高呢？」我相信這同時也是許多家長心中最大的疑惑，所以接下來的章節就會將重點放在，如何有效的幫助孩子成長。

　　雖然之前有提過，遺傳是影響身高最重要的因素，孩子最後能長多高是「七分天註定，三分靠打拼」，但至少我們還有三成的空間可以努力，來幫助孩子能充分發揮天生的生長優勢，甚至突破遺傳的生長極限。然而幫助孩子成長是沒有捷徑的，更不是靠那些吹得天花亂墜的保健食品，最重要的是持之以恆而且良好的生活作息。有哪些生活作息需要特別注意呢？接下來就和家長們依序介紹我認為的成長三要素：足夠的營養、充足的睡眠以及適量的運動。希望爸爸媽媽們看完了以後，能幫助自己的孩子爭取到他／她的最佳身高。

足夠的營養

就像積木越多塊，高度就可以疊得越高。小朋友如果想要長得又高又壯，最重要就是要有充足的營養當做原料，原料越充足，越有機會突破遺傳的身高限制。尤其在孩子生長的過程當中，所消耗的能量是相當大的，因為除了要維持他們日常活動的需求，還要額外的營養來生長發育。

這也是為什麼，很多家長在門診都會問我：「為什麼孩子吃很多了，怎麼還是瘦瘦小小的？」其實在生長過程中，孩子每日所消耗的卡路里，可能比爸爸媽媽想像的還多得多。

那怎麼樣才知道孩子吃的熱量或原料到底夠不夠呢？最簡單的方式就是「量體重」。如果體重一直維持得差不多，沒有明顯增加，就代表吃的營養或熱量是還有增加的空間。不過門診中會有一些體重偏輕的孩子，胃口真的很小，吃一點點就會跟父母說不吃了，家長想要讓他們的體重多增加一點簡直比登天還難。碰到這種胃口不好的孩子，我通常會給爸爸媽媽兩個建議：第一是少量多餐，第二是挑高熱量的食物先吃，尤其是多吃蛋白質。因為蛋白質是構成身體細胞的主要成分，肌肉量要增加也是需要蛋白質當原料進行合成。另外生長激素從腦下垂體分泌之後，也是在肝臟利用蛋白質做原料製造出成長因子（IGF-1），然後靠著成長因子不斷刺激生長板的軟骨組職，才讓骨頭得以持續成長。所以孩子要長高長壯，每天補充足夠的蛋白質絕對是關鍵中的關鍵。

長高的好朋友──優質蛋白質

許多的食物都含有蛋白質，我們給孩子補充什麼樣的蛋白質才比較有效率呢？首先我們要知道，蛋白質是由胺基酸所組成的，胺基酸總共有二十種左右，但其中有八到九種是人體無法自行合成而需要從食物中攝取的稱為「必需胺基酸」。所以我們在挑選蛋白質的種類的時候，盡量選擇包含所有必需胺基酸的食物，或又被稱為「優質蛋白質」，就能很有效率的補足孩子每日的生長發育所需。那有哪些食物是屬於我們說的「優質蛋白質」呢？像是蛋類、乳製品、魚類、肉類，以及植物性蛋白質中的黃豆，都是屬於對孩子很有幫助的「優質蛋白質」。

而上面提到的那麼多種「優質蛋白質」，其中我最建議爸爸媽媽可以先讓孩子增加攝取量的就是乳製品，尤其是牛奶。牛奶富含白胺酸、異白胺酸、纈胺酸等，是屬於很好的「優質蛋白質」。所以就算是原本身高體重都在正常範圍的小朋友，多喝牛奶也是會對於生長有很顯著的好處。

另外一個推薦先從增加乳製品的攝取開始嘗試的原因是，根據最新的國民營養健康調查，很多小朋友都沒有達到「一天兩杯鮮奶」，大約是每天480毫升的建議攝取量。大部分的家長一天只會在早餐的時候，提供孩子一杯鮮奶，所以我會建議家長利用下午孩子戶外活動之後，或是晚上上床睡覺前，可以再提供一杯鮮奶來補充優質

蛋白質，促進骨骼和肌肉的發育。滿足「一天兩杯鮮奶」的建議攝取量還有一個好處：兩杯鮮奶的鈣質含量大約占每日建議攝取量的六成，一天補充兩份乳製品不只能補充足夠的優質蛋白質，連對骨頭很重要的鈣質攝取也兼顧到了。

一般來說，鮮奶是最容易取得的乳製品，沒有其他健康問題如（肥胖）的孩子，都建議以全脂鮮乳為優先選擇。除了鮮乳以外，也可以用奶粉、保久乳、優格、優酪乳、乳酪等乳製品做代換，讓孩子不會因為每天餐點都一成不變而感到厭倦。（表3-2）

表 3-2 乳製品每日建議量及分量說明

每日建議量及份量說明

乳品類1杯（1杯＝240毫升全脂、脫脂或低脂奶=1份）

＝ 鮮奶、保久奶、優酪乳1杯（240毫升）
＝ 全脂奶粉4湯匙（30公克）
＝ 低脂或脫脂奶粉3湯匙（25克）
＝ 乳酪（起司）2片
＝ 優格210公克

結論

想讓孩子的身高像大樹一樣，補充富含必需胺基酸的「優質蛋白質」一定是最有效率的第一步，建議家長可以利用少量多餐的方式來讓孩子攝取每日所需的蛋白質。比如說運動完可以用一小杯鮮奶當作水分補充，或是下午放學回家可以準備一顆水煮蛋當點心，都是爸爸媽媽們可以參考的方式。

不過每種食物除了蛋白質以外還會有像脂肪、維生素等營養素，如果只注重攝取一種食物，營養素的攝取還是會有偏差。所以還是要均衡的攝取多種不同的食物，才能在改善孩子生長的同時，維持其他營養素的平衡。

樂高小重點

1. 足夠的營養是改善孩子生長發育的第一步，尤其可以多補充優質蛋白質。
2. 常見的優質蛋白質有：蛋類、乳製品、魚類、肉類，以及黃豆。
3. 乳製品是很好的優質蛋白質的來源，每日建議攝取量為「一天兩杯鮮奶」（大約等於每天480毫升）。

3-2 | 牛奶過敏怎麼辦？——
常見牛奶問題釋疑

　　相信看完上一篇內容的讀者家長，或是有帶孩子來門診尋求生長建議的爸爸媽媽，應該都知道如果問我「想讓孩子長高可以補充什麼？」的時候，我都會優先推薦多喝鮮奶，最好可以一天兩杯（一天480毫升）。在一杯240毫升的鮮奶中，大約包含了7克的蛋白質和250毫克的鈣質，一天兩杯的份量大概就能補充六七成生長中的孩子每日所需的蛋白質和鈣質，對家長來說方便準備，對孩子來說飲用鮮奶也不用花很多時間，不像有些比較瘦小的孩子，一塊肉可以在嘴裡含三到五分鐘還吃不完。

　　不過看到這邊，可能就會有些爸爸媽媽開始擔心：「我的孩子好像對牛奶過敏，不能喝牛奶怎麼辦？」或是「孩子不喜歡牛奶的味道怎麼辦？有沒有什麼替代品？」所以接下來，我會針對一些家長常提出的「牛奶疑問」一一向大家說明。

喝全脂鮮奶還是低脂鮮奶比較好？

　　有些家長會擔心，喝全脂牛奶會不會造成小朋友攝取的熱量太高，是不是改喝低脂鮮奶比較好？實際上根據最近的研究顯示：攝取全脂鮮奶的族群，肥胖風險反而低於選擇低脂或脫脂鮮奶的族群。另

外喝全脂鮮奶也能幫助脂溶性維生素 D 的吸收，而維生素 D 也是幫助孩子吸收鈣質的關鍵營養素。所以除了特殊疾病或是體重超標的兒童，主要還是建議以全脂鮮奶為優先選擇。

對牛奶過敏會影響生長嗎？

會的。根據研究，對牛奶蛋白過敏的青少年和沒有對牛奶蛋白過敏的青少年相比，在進行了5年的追蹤後可以發現，牛奶蛋白過敏的青少年最終成人身高比對照組平均少了3.8公分。如果改用父母的遺傳身高（詳見章節1-2）為比較標準沒有過敏的青少年最終身高和父母的遺傳身高相比相差不多，但對牛奶蛋白過敏的青少年最終成人身高比父母的遺傳身高少3.9公分。

在同一份研究也發現牛奶蛋白過敏組別的青少年每日所攝取的蛋白質、鈣質、磷、鋅等幫助生長的營養素，和對照組相比都有顯著的減少。因此對牛奶嚴重過敏的孩子的確會影響到其最終的成人身高。

孩子對牛奶過敏怎麼辦？

生活在已開發國家中的孩子，對牛奶蛋白過敏的發生率大約是百分之二到三。最常見症狀是急性蕁麻疹、異位性皮膚炎和血管性水腫，此外嘔吐和／或喘鳴等症狀也有可能發生。孩子的過敏反應可能是由輕度至中度，但也可能嚴重到會危及生命的過敏性休克。

如果孩子是屬於這種很嚴重的牛奶蛋白過敏，導致完全不能喝鮮奶，或是因為其他特殊飲食習慣（如全素食）而不能飲用乳製品的特別狀況，就必須額外注意每天都要選擇其他高鈣食物或是其他優質

蛋白質來做補充。就算家中小孩對牛奶有很嚴重的過敏反應，還是可以經由均衡飲食的調整來補足每日所需的營養素。

　　但在門診當中我接觸的到許多家長認為對牛奶有過敏的孩子，詳細問起來，並不一定是牛奶過敏，有一部分可能只是有乳糖不耐症。

乳糖不耐症是什麼？

　　所謂的乳糖不耐症是指腸胃道的細胞沒有辦法完全消化乳糖，因此小朋友在接觸乳製品之後，可能會因此有腹瀉、脹氣、排氣等狀況。除了讓小朋友腸胃不適之外，通常不會像牛奶蛋白過敏一樣有其他全身系統性的症狀或是生命危險。

　　在臺灣的確很多人有乳糖不耐症的狀況。據統計約40％有脹氣或排氣的問題，15％有腹瀉的狀況。不過除了某些極端狀況的小朋友需要完全避免乳製品，絕大部分有乳糖不耐症的小朋友仍能持續食用乳製品的。一般會建議用以下兩種方式讓這些孩子逐漸適應乳製品：

1. 從少量少次開始，逐步養成每天喝牛奶的習慣。也可幫助身體重新適應乳糖。
2. 可以選擇低乳糖或無乳糖的牛奶，或是只含有少量乳糖的醱酵乳製品（乳酪、起司等）為每日乳製品的來源。

可以用豆漿替代嗎？

　　在門診中偶爾會碰到家長詢問：「那可以用豆漿代替鮮奶嗎？」因為黃豆也是屬於優質蛋白質的一種，就熱量和蛋白質的含量

來說，鮮奶和豆漿相差不多。所以如果是為了補充熱量，增加體重，兩者是可以輪流交替飲用。

但如果同時考慮到鈣質的吸收，幫助骨頭健康促進長高的話，鮮奶不只鈣質的含量是豆漿的接近八倍，另一項對骨頭而言重要的電解質——「磷」的含量也比較多。相對的，豆漿主要是在鐵質的含量勝過鮮奶。所以對於「鮮奶能不能用豆漿代替？」這個問題，我想是沒問題的，但還是建議以鮮奶優先，偶爾用豆漿替換。（圖3-2）

圖 3-2 鮮奶與豆漿營養成份比較

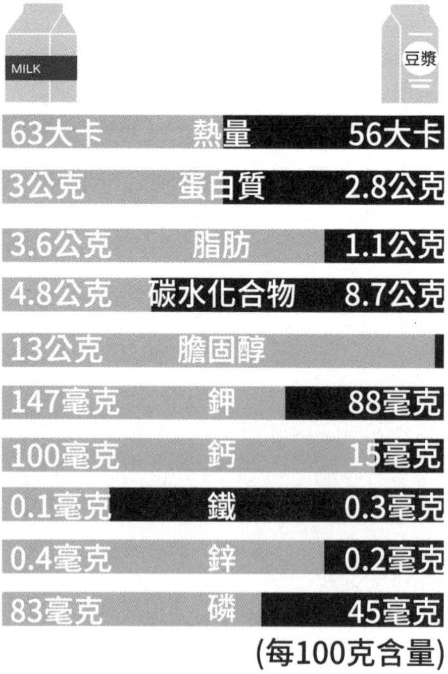

鮮奶 (MILK)	成份	豆漿
63大卡	熱量	56大卡
3公克	蛋白質	2.8公克
3.6公克	脂肪	1.1公克
4.8公克	碳水化合物	8.7公克
13公克	膽固醇	
147毫克	鉀	88毫克
100毫克	鈣	15毫克
0.1毫克	鐵	0.3毫克
0.4毫克	鋅	0.2毫克
83毫克	磷	45毫克

(每100克含量)

結論

　　鮮奶或是乳製品真的是能幫助孩子長高的一大利器，所以對於那些在門診碰到的身材矮小或是營養不良的孩子，我給的第一個建議通常都是從多喝鮮奶開始吧！雖然有少部分的孩子對牛奶蛋白有嚴重的過敏反應，不得不選擇其他的方式來補充生長所需的優質蛋白質，但是對於大部分症狀輕微或是只是乳糖不耐症的小朋友，我還是會建議循序漸進、少量少次的方式慢慢適應乳製品的攝取。

樂高小重點

1. 除非有特殊疾病或是體重需要嚴格控制的孩子，大部分兒童建議優先選擇全脂牛奶。
2. 嚴重牛奶蛋白過敏可能會影響兒童的最終成人身高，但大部分孩子是屬於乳糖不耐症而不是過敏。
3. 有乳糖不耐症的孩子可以用少量少次或是特殊低乳糖、無乳糖的乳製品慢慢適應。
4. 就熱量和營養素來說，可以用豆漿代替鮮奶，但還是建議以牛奶為優先選擇。

3-3 | 成長三要素（2）：睡眠

　　前一個章節有提過，生長激素從腦下垂體分泌之後，會在肝臟利用蛋白質做原料製造出成長因子，然後才作用在骨骼和肌肉上，讓孩子能夠持續長高長壯。為了讓身體有足夠的原料來製造成長因子幫助孩子生長，因此需要補充足夠的優質蛋白質。那要怎麼樣讓孩子的生長激素也多分泌一點呢？其實方法很簡單，就是早點上床睡覺。

早睡早起長得高

　　人體分泌生長激素的尖峰期，大概是在晚間10點到隔日的凌晨3點之間，所以在門診我都會建議孩子能夠盡量在9點以前上床準備睡覺。為什麼生長激素大部分都是在深夜大量分泌呢？這主要跟體內另外一種激素——「褪黑激素」有關係。

　　褪黑激素是由人體腦下垂體中的松果體所分泌的一種荷爾蒙，主要功能是調節人體的睡眠狀況。當褪黑激素分泌旺盛時，身體就能感覺睡意，幫助孩子進入熟睡期。當熟睡期越長，生長激素分泌的時間就越多，當然對孩子的身高發展越有幫助。

　　不過，有些學齡期的孩子可能因為課業繁重或是有其他課外活動，往往回到家的時間都已經接近晚上9、10點了。所以經常會碰到

家長問我：「那讓孩子晚一點睡，但還是睡滿8個小時，這樣會長高嗎？」很可惜，晚睡是會影響到生長激素分泌的。

　　根據之前的研究（圖3-3-1）[1]，發現受試者不管幾點睡著，生長激素大概是會是在睡著後半小時到一小時左右開始分泌。但是跟晚上10點就睡著的受試者比起來，凌晨2點才睡覺的受試者生長激素分泌的峰值會低很多，可見太晚睡的確會影響生長激素的分泌。所以如果是學齡前的兒童，都會希望可以在9點以前上床睡覺；如果是課業比較繁重或是較多活動的學齡兒童，則是建議越早上床越好。

睡多久才算夠？

　　不同年齡的孩子，每天所需要的睡眠時間都不太一定。在嬰幼兒時期，每天睡眠時間可以長達12至14小時；到了學齡前的兒童，

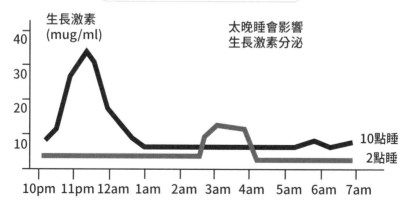

圖 3-3-1 晚睡影響生長激素分泌

[1] Takahashi Y, Kipnis DM, Daughaday WH. Growth hormone secretion during sleep. J Clin Invest. 1968 Sep;47(9):2079-90.

每天睡眠時間建議是控制在10至12小時左右；而學齡兒童或是青春期的孩子，則每天至少需要8至10小時的睡眠時間。當然充足的睡眠對於孩子白天的活動或是學習都有很大的幫助，但是對於孩子的生長也有同樣的影響嗎？根據最近幾個比較大型的研究來看，睡眠時間長短對孩子的身高並沒有顯著的相關，只有個別研究有發現，在BMI小於15個百分位體重偏輕的小朋友當中，睡眠時間大於10小時的孩子身高顯著的比較高。由此可知，對於大部分的孩子來說睡多久並不是長高的重點。

如何幫助孩子更好入睡？

雖然我們都建議要讓孩子培養規律的睡眠習慣，並且盡早上床就寢，但相信家長們在實際施行上，一定會遇到不少困難。尤其是有一部分的孩子就算上床了，依然在床上翻來覆去，很難入睡。做父母的難免就會開始擔心，孩子的睡眠品質不好會影響生長。所以下面分享三個小技巧，希望能幫助孩子能更容易安穩的入睡：

1. 早起助早睡

對，沒有說反，早點起床對於孩子早點入睡也是有幫忙的。大家都認為說「早睡早起身體好」，不過就生理的機轉來說，早起也是協助孩子早睡的第一步。當孩子眼睛接受到清晨的第一道曙光，腦部就會開始分泌一種名叫「血清素」的激素。血清素不只會讓孩子的腦袋切換到「白天模式」，讓他／她們開始有效率地面對一天的生活，它同時也是我們前面提到的褪黑激素的原料之一。因此讓孩子從一大

清早，就開始接受陽光的刺激，腦部分泌足夠的血清素，晚上就也能產生大量的褪黑激素，讓孩子在晚間能更容易進入熟睡期。

2. 睡前泡溫水澡

因為在泡澡時體表溫度會慢慢上升，當腦部和內臟的感受溫度也開始上升時，身體內的深層溫度就會開始往下調整。而偏低的深層體溫除了可以讓孩子更好入睡，同時也會有利於褪黑激素的分泌。所以如果時間和空間允許的話，可以讓孩子在睡前簡單泡個澡，水溫建議控制在攝氏38到40度。除了泡澡以外，睡前喝杯溫牛奶也能達到類似的作用。

3. 睡前兩小時避免使用電子產品

在孩子上床就寢前一兩個小時內，建議禁止接觸任何電子螢幕，包括電腦、平板、手機、遊戲機等，最好是孩子的臥室內也都不要放置這些電子產品。美國曾經大規模調查過青少年睡前使用電子設施對於睡眠的干擾，發現這些電子產品的確有很明確的證據顯示會讓青少年的睡眠時間減少、失眠或白天精神不繼等狀況，進一步影響到他們白天的精神狀態、課業表現，甚至是專注能力。會有這些影響，主要是因為電子螢幕所發射出來的藍光對視網膜而言是很強烈的刺激，產生的訊號也跟著影響到松果體，會降低褪黑激素的分泌（圖3-3-2）。這也是為什麼一般並不建議開燈睡覺，因為太強烈的亮光，同樣也會影響褪黑激素分泌。

圖 3-3-2 藍光影響褪黑激素分泌

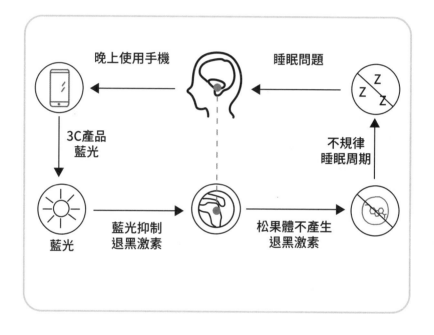

結論

老人家常說「一暝大一吋」，其實真的滿有道理的。在門診時常碰到兄弟姊妹一起來評估成長，長得比較好的那個孩子通常都是睡得比較早，而且平常飲食也比較正常的。所以想要讓孩子像大樹一樣高，規律的睡眠真的非常重要，尤其是定時上床的習慣。通常這種良好的睡眠習慣都需要慢慢培養的，從睡前儀式到孩子的睡眠情緒，還有睡眠環境的營造，都需要家長在平時就多多費心，讓孩子在睡前可以營造出安心入睡的氛圍，相信對於孩子們的生長發育一定會有很大的幫助的。

樂高小重點

1. 人體分泌生長激素的尖峰期，大概是在晚間10點到隔日的凌晨3點之間，建議孩子能在9點前上床準備就寢。
2. 學齡兒童或是青春期的孩子，每天至少需要8至10小時的睡眠時間。不過目前證據顯示睡眠時間長短對於孩子身高並沒有顯著的關聯性。
3. 三個小技巧幫助孩子更容易入睡：
   a. 早起助早睡。
   b. 睡前泡溫水澡。
   c. 睡前兩小時避免使用電子產品。

3-4 | 成長三要素（2）：運動

　　來到成長三要素的最後一項：運動。相信很多爸爸媽媽都知道，刺激生長激素分泌有兩大重點：「早睡早起」和「多運動」。不過在門診當中，家長們對於運動和生長之間的關係存有很多問題：「什麼運動比較好？」「跳繩可以幫助孩子長高嗎？」「運動要持續多久呢？」接下來就和大家說明運動是如何刺激生長激素分泌，以及做運動需要注意的事項。

運動刺激生長激素分泌

　　根據國外的研究顯示[1]：生長激素在經過有氧運動30分鐘後，會開始進入分泌的高峰期。為什麼運動可以刺激生長激素的分泌？主要是從三個方面：

　　1. 新陳代謝速率增加。運動會消耗體內大量能量，而為了維持身體運作，會刺激生長激素大量分泌，以產生足夠能量。

　　2. 大量的氧氣消耗。當運動強度超過一定程度，氧氣的消耗比吸收還要快，就會造成乳酸的堆積，進而刺激生長激素分泌。

---

[1] Wideman L, Weltman JY, Shah N, Story S, Veldhuis JD, Weltman A. Effects of gender on exercise-induced growth hormone release. J Appl Physiol (1985). 1999 Sep;87(3):1154-62.

圖 3-4 運動刺激生長激素分泌

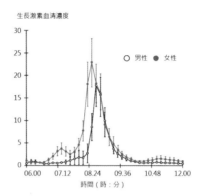

3. 核心體溫上升。核心體溫上升同時會增加新陳代謝的速率，所以也會刺激生長激素分泌。如果體溫上升有限，生長激素的增加也會有限。

很多家長都會在意說要做什麼類型的運動？跳繩要跳幾下比較好？從上面的說明相信爸爸媽媽們就會了解到：重點是要做有氧運動、運動時間要夠長（至少30分鐘）、而且運動強度要夠強，才能有效的刺激生長激素的分泌。

適量的運動都有效

其實不僅限定跳繩這項運動，只要培養好適量運動的習慣，都對於孩子的生長發育有很大的幫助。那怎麼樣才算是「適量運動」呢？

建議家長請用以下三個方面來評估孩子的運動量是不是足夠：

1. 運動頻率：一個星期運動5到7天。

2.　運動時間：每次運動至少30分鐘。

3.　運動強度：運動完有流汗、說話有點喘。

只要是適量的運動，不管是跑步、球類運動、單槓等等，對長高都有一定的幫助。建議可以安排孩子輪流從事有氧運動——跑步、散步、游泳、騎自行車；或阻力運動—彈力帶、重量訓練；以及骨骼強化運動——跑步、跳繩。

而爸媽在門診中最常提到的跳繩，就是其中一項很好的運動。跳繩是一種能夠訓練到全身肌肉的運動，多跳繩還可以避免骨質疏鬆，並且能幫助減脂以及加強心肺功能。陽明大學有針對宜蘭的學童做了相關的研究，發現孩童每天跳繩30分鐘，持續20周之後，會比沒有跳繩的對照組高1.5公分左右，而且女生的長高效果比男生顯著。

運動的注意事項

不過鼓勵孩子多從事運動之餘還有兩點注意事項。第一個是注意孩子的負荷程度。如果孩子在從事球類、重訓或是跳繩等活動的時候沒有注意安全事項或是運動過度，結果讓生長板受到運動傷害，就有可能得不償失反而影響到孩子的生長。第二個是運動完不要用含糖飲料解渴。很多小朋友都習慣在運動完後喝一杯冰涼的運動飲料，這樣不只會攝取過多的糖分造成孩子越運動越胖的結果，短時間內吸收大量糖分也會讓生長激素的分泌被抑制，讓運動的生長效果大打折扣。

結論

能夠幫助孩子充分發揮父母的遺傳身高，甚至突破遺傳生長極

限的絕對不是市售那些廣告打天花亂墜的鈣粉、鈣片、精氨酸之類的保健食品。幫助孩子生長是沒有捷徑的，最有效的方法其實就是正確且規律的生活作息：足夠的營養、充足的睡眠以及適量的運動，建議爸爸媽媽們一定要從小就開始培養這些習慣。

但是請家長們注意一件事情：如果審視完自己孩子的生活作息，發現有很多的改善空間的時候，請不要因為擔心錯過生長衝刺期，而急著一口氣完全改變孩子平時的生活習慣，這樣做是會在親子相處間產生過多的摩擦，而負面情緒以及心理壓力對孩子的生長同樣會有不好的影響。爸爸媽媽們不妨從飲食、睡眠習慣或是運動三項成長要素中先挑一個項目進行調整，等他／她們慢慢適應之後，再針對其他面向進行改善，來幫助孩子逐漸調整成最佳的生長模式，爭取最好的生長過程。

樂高小重點

1. 有氧運動30分鐘後，會刺激生長激素開始出現分泌的高峰期。

2. 運動能刺激生長激素分泌有三個原因：

　　a. 新陳代謝速率增加。

　　b. 大量的氧氣消耗。

　　c. 核心體溫上升。

3. 適量的運動建議：

　　a. 運動頻率：一個星期運動5到7天。

　　b. 運動時間：每次運動至少30分鐘。

　　c. 運動強度：運動完有流汗、說話有點喘。

3-5 | 吃鈣粉能幫助長高嗎？

　　不曉得爸爸媽媽們有有沒有聽過或看過這樣的說法嗎：「根據最新的國民營養調查，大部分的兒童每日鈣質攝取不足，所以讓孩子吃鈣片是一個補鈣助長高的好方法。」

　　相信家長們在各大網路平臺上都有被這樣的廣告臺詞轟炸過的經驗，但這種說法是正確的嗎？其實前半段是正確的：臺灣的兒童每日鈣質攝取量的確嚴重不足。但是後半段就是一個很大的誤導了：補鈣對於孩子的身高沒有幫助！

缺「鈣」會影響身高

　　首先，孩子缺鈣的確是會影響身高的。如果是因為遺傳疾病或是營養不良造成缺鈣的情況，臨床上被稱之為「佝僂症」。佝僂症主要的症狀都是和骨頭軟化有關係，所以小朋友很常有O型腿、X型腿等腿骨的變化，當然也就會有生長遲緩的表現。而鈣在人體的作用除了骨頭生成以外，對於肌肉和神經系統的運作也有很重要的影響。所以一般缺鈣的孩子除了影響生長之外，常見的症狀還有：輕微的如手腳指麻木感、小腿容易抽筋、情緒改變；嚴重甚至會抽搐、心律不

整、低血壓、心臟衰竭等有生命危險的症狀。然而，就是因為鈣對於人體的運作那麼重要，所以一個健康沒有任何症狀而且身高都沿著生長曲線生長的孩子，基本上可以不用擔心體內鈣質不足。

也就是說，「缺鈣長不高」並不代表「補鈣會長高」，因為大部分孩子體內鈣質的濃度並沒有達到缺乏的程度。

補鈣只會讓骨頭變硬、不會變長

但是很多家長應該都會很直覺地聯想：骨頭要變長就是需要鈣質阿，所以補鈣還是會幫助孩子長高吧？錯！

前面有提過，孩子身高的增加主要是靠長骨兩端的生長板，也就是長骨兩端的軟骨層，不斷分裂、合成所造成的結果。在這個過程中，最需要的是蛋白質，反而不是鈣質。補鈣對於骨質的累積和骨頭的健康當然有一定的好處，但是對生長的幫助極其有限。根據之前國外的研究報告指出[1]：健康兒童在使用鈣的補充品一到三年後，和使用安慰劑的兒童相比，身高體重並沒有明顯的差距；但是在使用鈣的補充品三個月後，骨質密度就有顯著的增加。

因此我們在這裡先下一個結論：「補鈣只會讓骨頭變硬，並不會幫助骨頭長長。」希望長高要補充的還是以蛋白質為主。

---

[1] Winzenberg T, Shaw K, Fryer J, Jones G. Calcium supplements in healthy children do not affect weight gain, height, or body composition. Obesity (Silver Spring). 2007 Jul;15(7):1789-98.

如何補充「鈣」

　　然而根據最近的國民營養調查顯示，兒童每日攝取的鈣質量大約只有建議攝取量的一半，其實是嚴重不足的。因此建議家長們在日常的飲食上還是要注重高鈣食物的攝取，避免未來產生鈣質缺乏而影響孩子的身高。推薦的高鈣食物有：乳製品如鮮奶、乳酪；豆製品如豆乾、豆皮；海鮮類如小魚乾、蝦米；蔬菜類如海帶、髮菜、黑芝麻等。（表3-5）

　　換算起來，如果小朋友一天三餐中有包含：一份小魚乾（20克）、一份豆干（50克）、兩杯鮮奶（480毫升），其實很輕鬆就能達到每日鈣質建議攝取量，根本不需要額外花大錢買鈣片補充。

結論

　　雖然根據最新的調查結果顯示，很多孩子的鈣質每日攝取量的確嚴重不足，不過這不代表他們都有鈣質缺乏的問題，補充鈣質的首選還是應該以每日均衡的飲食為主，輔以高鈣食物的補充。除非抽血檢驗發現確實有鈣質缺乏的情況，或是對於這些高鈣食物有嚴重過敏或是不耐受的反應，不然不建議在沒有醫師指導下自行購買市售的鈣補充品給孩子使用。

表 3-5 常見高鈣食物的鈣質含量

食物	每 100 克含量	常見一餐攝取量	一餐攝取鈣含量
小魚乾	2213 毫克	20 克	442 毫克
黑芝麻粉	1449 毫克	30 克	435 毫克
蝦皮	1381 毫克	5 克	69 毫克
髮菜	1187 毫克	1 克	11 毫克
全脂羊奶粉	1069 毫克	30 克	320 毫克
鯊魚皮	1020 毫克	35 克	357 毫克
全脂奶粉	912 毫克	30 克	274 毫克
豆干	685 毫克	50 克	343 毫克
切片起司	606 毫克	15 克	91 毫克
黑豆干	335 毫克	80 克	268 毫克
全脂鮮乳	117 毫克	240 克	281 毫克

樂高小重點

1. 我國兒童每日鈣的攝取量不到建議量的一半。
2. 使用鈣的補充品能增加兒童的骨質密度，但對於長高沒有顯著幫助。
3. 補充鈣質應該以高鈣食物為主，而不是購買市售的鈣補充品。

3-6 | 想長高的「鋅」情

除了前面提到的鈣片或鈣粉以外，另外一個在門診中很常被家長詢問的是能不能使用的補充品就是「鋅」了。究竟補充鋅對於小孩的身高體重有沒有幫助？還是只是吃心安的？接下來就和各位家長分享一下「鋅」對於孩子長高的作用。

「鋅」的介紹

「鋅」屬於人體必需的微量元素之一，在人體中含量僅次於鐵。鋅在人體內的作用範圍十分廣泛。從促進生長、神經發展、維持人體免疫功能，到調節內分泌系統和生殖功能上，都扮演了很重要的角色。因為鋅與兒童的生長發育息息相關，所以如果孩子對於鋅的攝取長期不足的話，的確有可能會發生沒有食慾、厭食、影響生長以及骨頭成熟的問題。

「鋅」幫助生長的臨床證據

由於體內鋅的濃度有很大程度會影響兒童的發育，因此也有很多研究在探討給予兒童鋅的補充品對於生長到底有沒有幫助。2018年的時候，《Nutritents》期刊就發表了在不同時期（孕期、嬰幼

齡前）使用三個月鋅的補充品後，對於孩子身高體重影響的統合研究
[1]。結果發現在學齡前的孩子（2到5歲）補充鋅對於身高才有顯著的
幫助（增加接近2公分），在另外兩個組別額外補充鋅就沒有明顯差
別。

在臺灣也有類似的研究結果：如果學齡前或學齡兒童（2到10
歲）有營養不良（身高體重別低於15個百分位）的狀況，同時抽血
也發現血液中鋅濃度偏低，在經過三到六個月每天補充10毫克的鋅
之後，這些兒童的食慾以及身高體重都有明顯的改善。

如何補充「鋅」

根據以往的研究報告顯示，讓學齡前的兒童補充鋅的確會對生
長有幫助，不過這不代表每個小朋友都需要使用鋅的補充品。因為鋅
是屬於微量元素，嬰幼兒每天建議攝取量大概5毫克、學齡兒童每天
建議攝取量大約8毫克、青春期的孩子則每天建議攝取量大概是10～
12毫克左右，其實不用太多。

而根據最近一次「國民健康狀況變遷調查」的調查結果顯示，
12歲以前的兒童每日鋅的攝取量都接近或超過建議的攝取量。如果

Liu E, Pimpin L, Shulkin M, Kranz S, Duggan CP, Mozaffarian D, Fawzi WW. Effect of Zinc Supplementation on Growth Outcomes in Children under 5 Years of Age. Nutrients. 2018 Mar 20;10(3):377.

Chao HC, Chang YJ, Huang WL. Cut-off Serum Zinc Concentration Affecting the Appetite, Growth, and Nutrition Status of Undernourished Children Supplemented With Zinc. Nutr Clin Pract. 2018 Oct;33(5):701-710.

在這個基礎上家長額外又多提供孩子鋅的補充品，就很可能反而會造成體內鋅濃度過量，長期下來可能會抑制免疫細胞的功能，甚至會影響另外一種微量元素——銅的生理作用。所以建議除非抽血有發現血液中鋅的濃度偏低，或是真的體重過輕、營養不良的孩子才需要額外補充鋅的補充品，大部份孩子其實從日常生活的飲食中，就能攝取到足夠的鋅了。

以下推薦幾種鋅含量較高的食物種類，平常家長可以均衡、多樣化的準備：（表3-6）

動物性食物——牡蠣的鋅含量最高，另外肝臟、紅肉和魚類也是很好的鋅來源。

植物性食物——小麥胚芽、洋菜、全穀類、南瓜子及堅果類中也有高含量的鋅。

表 3-6 常見高鋅食物

生蠔	洋菜	小麥胚芽	牛肉
78.6 毫克	59.8 毫克	16.7 毫克	12.3 毫克
南瓜子	堅果	豬肉	菠菜
10.3 毫克	5.6 毫克	5 毫克	0.8 毫克

（每 100 克含量）

結論

　　相較於其他的保健食品，鋅的補充品對於學齡前兒童的生長算是比較有明確的效果。不過依然不是每個小朋友都適合額外使用補充品，建議爸爸媽媽還是從日常的均衡飲食中著手，幫助孩子們可以攝取到每日所需的鋅。如果家長覺得自己的孩子真的有體重過輕或營養不良的狀況，想要靠補充鋅來增進孩子的食慾和改善身高之前，建議要先找兒童內分泌科醫師評估，檢測血液中鋅的濃度，千萬不要看了廣告就盲目補鋅，反而影響了孩子的免疫功能，得不償失。

樂高小量點

1. 鋅與孩童的生長發育息息相關，在人體微量元素中含量僅次於鐵，排名第二。
2. 研究報告顯示，在血液中鋅濃度偏低的學齡前兒童中，補充鋅對身高和食慾的增加有顯著效果。
3. 一般孩子每日的鋅攝取量接近甚至超過每日建議攝取量，額外添加鋅的補充品效果不好。
4. 一般飲食中鋅含量較高的有：
   a. 動物性食物：牡蠣、肝臟、紅肉和魚類。
   b. 植物性食物：小麥胚芽、洋菜、全穀類、南瓜子及堅果類。

3-7 | 神奇的「轉骨方」

　　雖然我們兒童內分泌科醫師學習的是西醫知識，但還是有非常多的家長在門診做生長諮詢的時候，都會順便問一句：「醫師，那我們家的孩子是不是可以吃轉骨方了？」或是「醫師，吃轉骨方到底有沒有用啊？」人家都說「三折肱成良醫」，被家長詢問的次數多了，我自然也對「轉骨方」做了一些深入了解，接著就分享西醫觀點下的轉骨方。

「轉骨方」的原理

　　首先要說明一點：在中醫經典的典籍當中，其實是沒有特別關於轉骨或是長高的相關記載的。現在坊間所謂的「轉骨方」，其實是從清末臺灣開墾時期才開始比較流行的特有名詞。

　　其實分析了幾種市面上販售的轉骨方的藥方，會發現大部分的組成是以「健脾開胃」、「益氣養血」、「補腎填精」為主來調理孩子的體質。從這些藥方的作用不難看出來，它們想要處理的兒童生長問題主要有三大類：第一是改善孩子因先天不足、後天失調造成的營養不良；第二是提升孩子的免疫力以來抵抗不良的衛生環境；第三則

是加速孩子受到跌打損傷後骨頭和肌肉的修復。

所以我的孩子可以用「轉骨方」嗎？

從上面的說明當中，爸爸媽媽應該要了解到一件實情：這些「遵循古法的轉骨方」，主要針對的都是在上個世紀之前非常困苦的生活環境中，兒童所要面對的生存問題：孩子從胎兒時期就開始的長期營養不良，平時的生活環境衛生條件非常差，需要面對各種盛行的傳染病、為了家計孩子必須在年紀很小的時候就從事危險的工作，容易傷筋動骨等。這些問題對孩子的生長都有不良影響的風險，因此在過去那個背景下，我相信這些轉骨方的確能一定程度上幫助到部分孩子的生長發育。

不過隨著時空環境的變遷，現在主要影響孩子生長發育的風險因素已經和當初大不相同了。現在的孩子要擔心的反而是營養過剩的問題、盛行率越來越高的免疫疾病、還有嚴重不足的活動量，和上個世紀的孩子相比是完全相反的課題。如果家長們不明究裡，單憑廣告說詞就購買坊間號稱有效的轉骨方讓孩子嘗試，可能反而是文不對題，藥不對症，希望爸爸媽媽們要避免。

結論

現在大部分市售的「轉骨方」，都不是中醫師經過診視孩子，辨認證型之後所開立的中藥方，充其量只能算是成藥。可以想想，小朋友有咳嗽症狀的時候，爸爸媽媽們是自己買成藥給孩子服用比較有

效，還是帶去請兒科醫師診視後開藥對孩子比較好？

　　雖然我的專業是在西醫，但對於中醫的療效其實並不排斥，門診中，時常遇到有些營養不良的孩子，都會轉介給診所配合的專業中醫師協助調理。所以建議家長如果希望藉由中醫藥的協助，讓孩子的身高能更上一層樓，請一定要找合格中醫師看診抓方給藥，而不要僅靠網路或電視上的廣告就讓孩子嘗試市面上販售的「轉骨方」。

樂高小重點

1. 「轉骨方」是臺灣特有的民俗說法，傳統的中醫典籍並沒有相關的紀錄。
2. 所謂「轉骨方」的藥方作用主要是改善營養不良、增強免疫系統以及加速修復跌打損傷，不一定符合現代孩子所面臨的生長問題。
3. 真要嘗試建議請專業中醫師診視後給藥，而不是自行購買市面上的「轉骨方成藥」。

3-8 巴豆么么，能促進長高？

不曉得家長有沒有在網路上看到類似的新聞：「肚子有點餓能助長高」，文章中的醫療人員說明在肚子有點飢餓的時候，血糖會偏低，這時小朋友的身體會進一步刺激有升糖作用的生長激素分泌，所以可以幫助長高！再加上半夜熟睡的時候，同時也是生長激素分泌的高峰期，因此有些人甚至會建議晚上可以餓著肚子睡覺，對生長比較有幫助。

事實上，這樣的說法只講對了一部分。如果爸爸媽媽為了期望孩子身高能多長一點，而讓他們晚上餓著肚子去睡覺，可能不只是長高效果不好，嚴重的狀況孩子甚至可能會有生命的危險！

低血糖刺激生長激素分泌？

在前面〈1-7認識生長激素缺乏症〉的章節中有提到，要確定生長激素是不是有缺乏的狀況，是需要住院做「生長激素刺激測驗」來診斷的。可以用來進行「生長激素刺激測驗」的藥物有很多種，而利用注射胰島素來製造低血糖進而刺激生長激素分泌就是其中之一。所以低血糖的確是可以刺激生長激素，因為生長激素是屬於壓力荷爾蒙以及維持血糖恆定的重要荷爾蒙之一，在血糖過低的情況下會大量分

泌來拉升血液中的血糖濃度。

分泌效果不佳

　　然而，在臨床上做「生長激素刺激測驗」的過程中，有時候會遇到胰島素給的劑量不足，結果作檢查的病童血糖降得不夠低，因此就觀察不到有生長激素大量分泌的情況。

　　會有這樣的情況主要是因為血糖是腦部運作最重要的能源，我們人體會窮盡一切所能來維持自身血糖的恆定，讓腦部可以持續運作。在給病童施打胰島素製造低血糖的刺激測驗都有可能沒有達到我們希望的效果，相信僅靠在家裡「餓肚子」一定是更難達到刺激生長激素分泌的效果。

　　更何況就算成功製造了足夠的低血糖，根據「生長激素刺激測驗」的檢查結果，生長激素大量分泌的時間也不會超過一小時，大部分在低血糖過後30分鐘生長激素的分泌量就開始下降。因此利用餓肚子來刺激生長激素分泌不僅成功的機率不高，就算成功了分泌的時間也很短，對長高的效果極其有限。

危險度高

　　在門診中我們會發現，很多身材矮小的小朋友都合併有營養不良的問題，體重通常也都是處於第三百分位的低標。如果這些孩子的家長為了讓他們能多長高一點，嘗試在睡前讓孩子餓肚子的話，有時候反而會造成稱為酮性低血糖症（ketotic hypoglycemia）的急症。

　　前面提到，人體會窮盡一切所能來維持自身血糖的恆定，以維

持腦部的運作，但對於這些原本就營養不良、體重太輕的小孩來說，體內的「存糧」本來就所剩無幾，是完全沒有預備的熱量來應對突如期來的低血糖。所以當低血糖持續一段時間之後，孩子可能會產生意識不清、甚至抽搐等症狀（表3-8），更嚴重的話還可能影響腦部的神經發展，危險性真的非常高。

表 3-8 低血糖症狀

程度	症狀
輕度	無力、流冷汗、皮膚濕冷、顫抖
中度	頭昏、頭痛、視力模糊、昏睡、錯亂
重度	失去反應能力、喪失意識、昏迷、抽搐

結論

雖然理論上製造低血糖的確對生長激素的分泌有刺激作用，但實際上在家裡靠餓肚子要達到有效刺激的難度其實是相當高的，而且這樣的作法對於某些原本就相當瘦小的孩子是有很高的危險性，因此完全不建議家長在家裡輕易嘗試這樣的方法。

樂高小重點

1. 低血糖的確能刺激生長激素的分泌，不過血糖要低到有產生症狀的程度才有效。
2. 在家裡空腹餓肚子很難達到有效的低血糖刺激。
3. 營養不良、體重太輕的小小孩（尤其5歲以內）如果長時間處於低血糖，容易產生酮性低血糖症，嚴重的病童可能會影響腦部發育。

3-9 ｜ 小雞雞會太短嗎？

「醫生，可以幫我檢查一下，小寶寶的雞雞有沒有太短啊？」

兒童內分泌科醫師的門診，時不時就有憂心忡忡的家長，帶著小男孩或是小男嬰來檢查，請我們評估是不是有陰莖短小的狀況。尤其是自從臺灣爆發塑化劑風暴之後，越來越多家長甚至是孕婦意識到塑化劑深深地滲透進了我們的周遭，在日常生活中幾乎難以避免接觸塑化劑，所以都特別擔心寶貝們的陰莖長度，深怕影響到他們長大後的「性福」。因此這個章節主要就是回答爸爸媽媽關於寶貝命根子的各種「大小」問題。

陰莖長度怎麼量？

一般家長都是有肉眼直接判斷男孩或是男嬰的陰莖長度，看起來短短的就會開始有點擔心。不過因為很多小男孩腹部脂肪都有點厚，遮擋住陰莖的根部，所以真的看起來都會有點短。臨床上兒童內分泌科醫師評估男孩的陰莖長短，主要是要在未勃起的狀態下將陰莖完全伸展，然後從恥骨聯合部量到龜頭尿道口的長度（stretched penile length）。（圖3-9-1）

圖 3-9-1 兒童陰莖測量

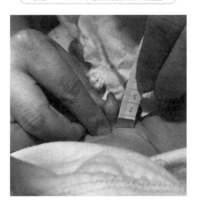

　　大部分有點肉肉的孩子，可能因為腹部皮下脂肪太厚的關係，在視覺上會覺得長度不夠，但這往往是因為陰莖根部埋在皮下造成的錯覺，臨床上又稱作「包埋式陰莖」，這些孩子的陰莖長度其實都是正常。（圖3-9-2）

圖 3-9-2 包埋式陰莖

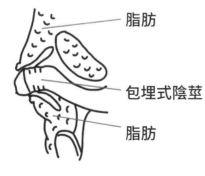

脂肪

包埋式陰莖

脂肪

表 3-9 臺灣男童正常陰莖長度

年齡	伸展時陰莖長度（公分）	建議就醫評估長度（公分）
新生兒	2.9±0.4	1.9
1-6 個月大	3.4±0.5	2.2
7-12 個月大	3.6±0.6	2.2
1-2 歲大	4.2±0.6	2.6
2-3 歲大	4.4±0.9	2.4
3-4 歲大	5.0±0.9	2.8
4-5 歲大	5.0±0.9	2.7

陰莖長度正常應該有多長呢？

知道怎麼測量陰莖長度之後，下一個問題就是那多長才是正常的呢？中國醫藥大學附設醫院蔡輔仁教授在2006年時針對臺灣兩千一百二十六名0到5歲的男童進行調查：新生兒陰莖長度平均值約為3公分，1歲大男寶寶約4公分，5歲大小男生約5公分。

而如果陰莖長度測量完發現新生兒陰莖長度不到1.9公分；一個月到一歲男嬰不到2.2公分；1到3歲男童不到2.4公分；3到5歲男童不到2.7公分的話（表3-9），那可能就真的是屬於符合陰莖短小的狀況，建議盡早帶孩子給兒童內分泌科醫師進行進一步的檢查評估。

陰莖為什麼會太短？

除了應該是正常的「包埋式陰莖」，大部分陰莖長度還是跟家族的遺傳關聯較大。不過仍然有少部分真正陰莖短小的男孩，是因為特定疾病造成的，可以經由治療改善陰莖的大小。以下列舉幾個常見會造成陰莖短小的疾病：

1. 染色體異常

寶寶的生殖系統在胚胎初期是沒有男女之分的。而男寶寶在Y染色體上的ＳＲＹ基因的作用下，從懷孕第八週起，性腺會發育成睪丸並開始分泌睪固酮，進一步讓外生殖器官發育成陰莖和陰囊。因此如果寶寶的性染色體有異常、缺失，如「克林菲爾氏症候群」

Penile length of normal boys in Taiwan. Acta Paediatr Taiwan. 2006 Nov-Dec;47(6) :293-6

（47XXY），或是Ｙ染色體上ＳＲＹ基因有缺失，都有可能造成男
寶寶的陰莖短小。

2. 內分泌功能異常

前面有提到陰莖是接收到睪固酮的作用才會開始發育，因此如
果睪丸本身功能就有異常，或是總管人體內分泌系統的器官——腦下
垂體分泌性釋素的功能異常，都會造成男寶寶的陰莖短小。

另外，跟手腳的長短類似，生長激素（同樣也是腦下垂體分
泌）的作用也部分影響了陰莖的大小，所以如果新生兒一出生就發現
陰莖真的十分短小，也要小心是不是有生長激素缺乏的問題。

3. 睪固酮作用異常

當睪丸分泌出睪固酮之後，會在周邊組織先轉化成雙氧睪
固酮（Dihydrotestosterone, DHT），之後再和雄性素受體
（androgen receptor）結合，促進陰莖的發育。所以如果幫助睪固
酮轉化成DHT的酵素功能異常，或是雄性素受體功能不敏感，也都
有可能讓男寶寶的外生殖器官沒有辦法正常發育。

如果檢查完發現是內分泌功能異常或是睪固酮作用異常所造成
的陰莖短小，在嬰幼兒時期或是青春期前可以使用荷爾蒙補充治療，
來改善陰莖的大小；如果是屬於染色體異常造成的陰莖短小，大概就
只能尋求外科的協助了。

結論

「山不在高，有仙則靈」，小雞雞的長度其實也是一樣：長度不是那麼重要，夠用就好。在青春期之前，如果小男生不會因為陰莖長度太短導致上廁所有困難，比如說會一直尿到褲子上，導致衛生習慣或是人際關係產生問題，大致上就算是正常的長度了。然而很多家長因為擔心孩子的陰莖長度不夠，結果病急亂投醫的新聞還是時有所聞，如果不當使用荷爾蒙治療來讓寶貝的小雞雞「出人頭地」，很可能反而會造成寶貝有發育過快、性早熟甚至是睪丸萎縮的風險。所以家長如果對寶貝的「小寶貝」有任何疑慮，建議還是請專業的兒童內分泌科醫師評估比較安全。

樂高小叮嚀

1. 大部分家長擔心陰莖長度不夠的孩子，大多屬於「包埋式陰莖」，經過正確的測量後幾乎都是正常長度。
2. 新生兒陰莖長度不到1.9公分；一個月到1歲男嬰不到2.2公分；1到3歲男童不到2.4公分；3到5歲男童不到7公分的話，請帶孩子至兒童內分泌科進行進一步評估。
3. 不必要且過度的荷爾蒙治療可能會造成孩子有性早熟或是睪丸萎縮的狀況。

3-10 │ 新生兒也會有月經嗎？

　　除了成長門診之外，我一般比較多的診次還是以健兒門診為主，大部分是幫孩子施打預防針以及做健康評估，順便替爸爸媽媽們做一些育兒方面的衛教。偶爾也會有一些剛出院的新生兒回門診評估新生兒黃疸的狀況。這一天就有個出生七天大的女寶寶，被帶來追蹤新生兒黃疸的數值。當黃疸檢查完，我也和媽媽衛教完關於新生兒黃疸的注意事項之後，媽媽突然憂心忡忡的開口問道：

　　「醫師，我這兩天寶寶換尿布的時候，發現有點紅紅的分泌物耶。這是不是月經啊？她是不是有性早熟的問題呢？」

　　媽媽，你說的沒錯，這的確是跟月經很相似的分泌物喔！

新生兒假性月經

　　新生兒在尿布上發現有這種類似月經的紅色分泌物，大部分會是發生在寶寶出生5至7天後。主要是因為有些寶寶還在媽媽肚子裡的時候，會受到媽媽身體分泌的雌激素影響，讓陰道上皮及子宮內膜增生，而寶寶出生之後突然沒有了媽媽的雌激素持續作用，就會讓這

些增生的內膜無法維持，進一步產生崩落的現象。接著這些剝落的內膜和出血會從陰道流出，因此看起來就會和成人的月經有些類似，因此又被稱作新生兒的假性月經。

　　一般來說，新生兒假性月經的狀況會持續一週左右，接著就會自行停止，平時家長只要注意好乾燥以及清潔即可。除了假性月經的出血量過大，或是分泌時間過長（超過兩週以上），需要兒科請醫師做進一步的評估以外，大部分都不需要做其他檢查甚至是治療。

新生兒乳房肥大及「魔乳」

　　另外，有些寶寶在出生之後會發現乳房看起來有點腫脹，像胸部發育的樣子；有時候幫寶寶洗澡的同時，會感覺到乳頭下面似乎可以摸到一些硬塊，甚至稍微擠壓乳頭之後還會跑出很像乳汁的分泌物！以上提到的新生兒乳房肥大或是俗稱「魔乳」（witch milk）的現象，有時候也是受到媽媽體內分泌的雌激素在胎兒時期累積所造成的。這些狀況不管是男女寶寶都有可能發生，不像前面提到的新生兒假性月經只會發生在女寶寶身上。

　　通常新生兒乳房肥大或是魔乳的狀況，大約在出生後一兩個月後會慢慢改善，因為體內媽媽殘留下來的雌激素已經逐漸代謝而不再產生影響。有些體質比較容易被荷爾蒙影響的女寶寶，甚至要到一、兩歲乳房才會有比較明顯的消腫。所以如果爸爸媽媽們有觀察到寶寶有這些症狀的話，最重要一樣是保持乾燥和清潔即可。但是如果發現

在乳房或是乳頭處有發炎、紅腫或是有分泌物的狀況的話，就需帶寶寶就診請兒科醫師進行評估和處置。

結論

　　不管是新生兒的假性月經，還是新生兒的乳房肥大，主要都是因為媽媽體內分泌的雌激素影響所造成的，經過一段時間之後，等到寶寶體內殘留的雌激素慢慢代謝排出體外之後，這些症狀都會自行改善。同時這些媽媽所分泌的雌激素對寶寶所造成的作用，也都只是暫時的影響，並不會連帶干擾孩子長大以後的發育，所以不用擔心這些孩子之後會有性早熟的問題。

樂高小重點

1. 新生兒的假性月經常發生在出生後5至7天，通常會持續一星期左右，之後會自行緩解。
2. 新生兒的乳房肥大或是有乳汁分泌的狀況，大部分是因為在胎兒時期受到媽媽體內雌激素的作用所影響，不管是男寶寶或是女寶寶都有機會發生。
3. 新生兒的假性月經或是乳房肥大的影響大多是暫時性，和孩子長大後是否會有性早熟沒有相關性。

CHAPTER

4

成長路上絆腳石，
甜飲肥胖應遠離

4-1 ｜ 小時候胖就是胖！

　　以前老人家常常會講說：「小時候胖不是胖啦！」、「小時候胖胖的很可愛，以後長大就會抽高沒關係！」，所以很多家長對於孩子多半抱持著「能吃就是福」的想法，只要孩子想吃，不管什麼食物都是來者不拒。但由於現代的飲食習慣受到西化的程度越來越深，「小時候胖不是胖」的觀念在近幾十年來開始受到醫師以及家長的挑戰，有越來越多的研究證實，小時候胖真的會提高將來成年肥胖的機率。

為什麼小時候胖就是胖？

　　美國曾有大型長期追蹤研究顯示，青少年的肥胖問題早在5歲以前就種下了決定性的影響。大約有四成到六成的肥胖兒童，長大後會成為肥胖成人；而肥胖青少年變成肥胖成人的機率更高達七成到八成。其中年紀、雙親肥胖與肥胖嚴重度是決定兒童時期的肥胖是否會延續到成人期的重要因素。

　　目前研究認為會造成「小時候胖就是胖」的原因，可能是因為孩童在3到5歲時是脂肪細胞增生的重要時期，而且數量是之後一輩

子就此固定，不太會有明顯的改變。如果不控制飲食讓脂肪細胞增加，成年肥胖的機率也會跟著增加，而且未來如果想減重只能讓脂肪細胞變瘦、變小，無法減少其數目。因此從小就是肥胖的兒童長大之後，繼續當個肥胖青少年或是肥胖成人的機會就很大。

體重多少叫做胖

相信爸爸媽媽們都很熟悉，成人可以利用計算身體質量指數（Body Mass Index，BMI）來判斷體重是否有超重或是肥胖。

$$BMI = 體重（公斤）／身高^2（公尺^2）$$

對於成人來說，BMI超過24我們稱之為超重；超過27就會被稱之為肥胖。

不過對於孩童來說，由於兒童及青少年仍處在生長發育的時期，身高和體重一直持續的變動，就算計算出他們的身體質量指數，也沒辦法像成人用一個固定的數值來判斷各個年紀的孩子體重是否有肥胖問題。所以一般可以兩個方式來判斷孩子是否有體重超重或是肥胖的問題。

第一個就是像身高體重的生長曲線圖一樣，計算出身體質量指數之後，直接對照該年紀的「身體質量指數百分位」。如果身體質量指數超過該年紀的第85個百分位，體重就是屬於超重；如果超過該

表 4-1 男女各年紀體重過重及肥胖標準

	男生 bmi		女生 bmi	
	過重	肥胖	過重	肥胖
1 歲	18.3	19.2	17.9	19.0
2 歲	17.4	18.3	17.2	18.1
3 歲	17.0	17.8	16.9	17.8
4 歲	16.7	17.6	16.8	17.9
5 歲	16.7	17.7	17.0	18.1
6 歲	16.9	18.5	17.2	18.8
7 歲	17.9	20.3	17.7	19.6
8 歲	19.0	21.6	18.4	20.7
9 歲	19.5	22.3	19.1	21.3
10 歲	20.0	22.7	19.7	22.0
11 歲	20.7	23.2	20.5	22.7
12 歲	21.3	23.9	21.3	23.5

年紀的第95個百分位，就是符合了肥胖的定義。（參考表4-1）

第二個方法是一個比較粗略，但是可以在沒有「身體質量指數百分位」的時候，快速判斷孩子有沒有體重問題的可能。方法很簡單，就是把身高和體重紀錄在生長曲線上之後，比較身高和體重所在的百分位區間：如果身高和體重都位於相同的生長區間，基本上就是標準的身材（例如：身高體重皆位於15至50百分位）；如果體重位於的區間大於身高的區間，（例如：身高位於15至50百分位；體重位於50至85百分位）就要特別注意可能有體重過重甚至是肥胖的風險。

結論

當然有很多有生長問題的孩子來就診諮詢時，我給的第一個建

議都是「先吃胖一點就會長高」，不過那都是針對有特定狀況孩子的建議，絕對不是一概而論的。根據最新的國民營養調查的結果，在臺灣男童每三位就有一個、女童每四位就有一名可能有體重的問題，需要積極進行體重控制。

因為肥胖問題對孩子來說，不只可能會影響到生長和發育，還可能會因為生長板提前癒合而停止生長（詳見章節2-7），成人之後一些慢性病的發生率也大大提高：如肥胖的孩子成年後有高血壓的風險是一般孩子的兩倍、得到糖尿病的風險更是一般孩子的三倍！大約有六成以上的肥胖兒童，在成年後仍然被體重以及相關疾病所困擾。因此下一個章節，會和爸爸媽媽分享，兒童肥胖和其他疾病的關係，希望家長們能夠更積極的控制孩子的體重，達到預防勝於治療。

樂高小重點

1. 小時候胖就是胖。四成到六成的肥胖兒童，長大後會成為肥胖成人；而肥胖青少年變成肥胖成人的機率更高達七成到八成。

2. 身體質量指數超過該年紀的第85個百分位屬於體重過重；身體質量指數超過該年紀的第95個百分位屬於肥胖。

3. 測量身高體重後如果發現體重位於的百分位區間大於身高的百分位區間，就要注意孩子是否有體重問題。

4-2 | 兒童肥胖與疾病

　　兒童的肥胖問題是一個複雜而且影響時間很長的健康議題。除了上一個章節所提到的「小時候胖就是胖」，肥胖的兒童在成年之後肥胖的比例也相對比較高，發生高血壓、糖尿病等代謝性疾病風險比較大之外，在兒童時期可能也會有很多不同系統方面的疾病需要面對。

　　希望透過這個章節的說明，可以讓爸爸媽媽更清楚兒童肥胖除了在社交、精神層面上的問題以外，還有什麼可能的健康議題需要額外注意。

代謝症候群

　　所謂的代謝症候群，是包含了高血壓、高血脂、血糖代謝異常或糖尿病等等疾病的集合體。一般在成人來說，肥胖已經被證實是代謝症候群的高危險因子之一，而在最近的研究當中發現，在兒童群體當中也開始發現有類似的趨勢。

　　在國內的研究中發現，BMI越高導致兒童時期就罹患代謝症候群的風險和正常體重的兒童相比，大約上升10至20倍；國內兒童BMI 大於 90 百分位者，約有百分三十具有代謝症候群；而BMI 介

於 10 至 90 百分位者，僅有百分之一到二的兒童具有代謝症候群。
因此，美國兒科醫學會提出建議：當兒童在臨床上被診斷為肥胖的時
候，就應該同時檢查空腹的血脂以及血糖數值，以提早確認是否合併
有代謝症候群。

非酒精性脂肪肝疾病

　　非酒精性脂肪肝疾病是一種慢性肝臟疾病，也就是一般俗稱的
「脂肪肝」。這種疾病是因為肝臟內脂肪過度堆積，進而產生慢性發
炎的狀況。脂肪肝的嚴重程度差異非常大，從單純脂肪累積、慢性發
炎，一直到肝臟產生纖維化、肝硬化，甚至到末期肝病、需要換肝的
程度都有可能。

　　肥胖的兒童不只是罹患脂肪肝的盛行率遠比正常體重的兒童
高，疾病的進展以及嚴重程度也和孩童的肥胖息息相關。還好在疾病
初期病程是有機會可以逆轉的。根據研究，透過飲食和運動控制三至
十二個月之後，可以有效的改善肝臟功能以及肝臟內脂肪累積的狀
況。所以當兒童被診斷為肥胖的時候，也應該同時接受肝臟超音波以
及肝功能檢查等相關檢查以及追蹤。

阻塞性睡眠呼吸中止

　　肥胖和阻塞性睡眠呼吸中止兩種疾病在兒童族群中，經常可以
發現到是同時存在的，而且互相對另外一個疾病會產生不利的影響。
根據目前的研究顯示：大約有百分之五十的肥胖兒童以及百分之六十

的肥胖青少年同時有阻塞性睡眠呼吸中止。另外也有研究分析發現：BMI每多增加一單位，發生阻塞性睡眠呼吸中止的風險就增加百分之十二。

而患有阻塞性睡眠呼吸中止的孩子也會因為睡眠品質不佳，導致生活品質下降、容易疲勞，讓白天睡眠時間也跟著延長、降低活動力，讓孩子的體重更不容易控制，同時對於心肺功能的負擔也會隨之增加。因此在兒童的肥胖評估中，睡眠狀態也是一個很重要的項目。

多囊性卵巢症候群

多囊性卵巢症候群一般被認為是卵巢功能不佳、雄性素過量的代謝疾病，通常會影響到女孩長大後的生育功能。根據一個追蹤性的研究發現，在青少年時期被發現有多囊性卵巢症候群的少女在10年後有三分之一BMI會超過40，而沒有多囊性卵巢症候群的少女僅有百分之八BMI超過40；另外一方面，我們也發現到肥胖女孩罹患多囊性卵巢症候群的機率是正常體重女孩的兩倍。可見肥胖和多囊性卵巢症候群是彼此的促進因素。

結論

兒童肥胖的問題不只是單純影響到孩子的外觀或是心理發展的問題，體重增加過快還可能會加速生長板的癒合，讓孩子提前停止生長，並且對於孩子的健康還有很深遠而且廣泛的影響。前面提到的每一項疾病，都是屬於需要長期追蹤、治療的慢性疾病，通常也被稱為

肥胖的「共病症」，相信沒有一個家長會希望自己的寶貝從小小年紀就需要開始和這些肥胖共病症長期共存。因此接下來的一個章節，我們要和爸爸媽媽分享的是如何能更有效的控制孩子體重，讓他們從小就能和這些慢性疾病絕緣。

樂高小重點

1. 代謝症候群：BMI高的兒童罹患代謝症候群的風險和正常體重的兒童相比，大約上升10至20倍。
2. 非酒精性脂肪肝疾病：疾病的發生率以及嚴重程度和兒童的肥胖程度息息相關。
3. 阻塞性呼吸中止：在兒童族群中，和肥胖兩個疾病互相會產生不利影響。
4. 多囊性卵巢症候群：肥胖和多囊性卵巢症候群是彼此的促進因素。

4-3 肥胖兒童的減重建議

　　最近在門診當中真的發現越來越多的小朋友有體重方面的問題，而且他／她們的家長或自己本身很多時候都是因為其他原因來就診，反而沒有意識到體重超重這個更為嚴重的問題，甚至很多孩子都已經有了肥胖的共病症而不自知。因此在門診當中，我們很常在看其他疾病或是健康問題的同時，也會對小朋友以及家長做一些關於體重控制的衛教內容，這個章節主要就是讓爸爸媽媽知道，平常在家裡可以從哪些方面來協助孩子順利地控制體重。

不一定要減重！

　　兒童肥胖和成人肥胖有一個很大的差異，就是因為兒童仍然持續在生長，因此並不是每一個肥胖或是過重的孩子需要減重，但仍需要積極的做體重控制。美國兒科醫學會在西元2007年所發表的內容當中，就建議依照不同年齡和BMI為標準，建立體重控制的目標。（表4-3）

　　在此處先列出各年齡需要考慮減重的狀況：

表 4-3 兒童建議減重的目標

年齡層	BMI 嚴重度	減重目標建議
2-5 歲	85-94 百分位，無健康風險因素 *	維持體重增加速度
	85-94 百分位，有健康風險因素 *	維持目前體重或減緩體重增加速度
	≥95 百分位	維持目前體重。但如果 BMI 超過 21，則可接受每月不超過 0.5 公斤的減重程度
6-11 歲	85-94 百分位，無健康風險因素 *	維持體重增加速度
	85-94 百分位，有健康風險因素 *	維持目前體重
	≥95 百分位	漸進減重，以每月 0.5 公斤為限
	≥99 百分位 (或 ≥120% of 95 百分位)	減重，以每週 1 公斤為限
12-18 歲	85-94 百分位，無健康風險因素 *	維持體重增加速度；如已經不再長高，則維持目前體重
	85-94 百分位，有健康風險因素 *	維持目前體重或是漸進減重
	≥95 百分位	減重，以每週 1 公斤為限
	≥99 百分位 (或 ≧ 120% of 95 百分位)	減重，以每週 1 公斤為限

2到5歲：BMI 超過 21，每月減重不超過 0.5 公斤。

6到11歲：BMI 超過 95百分位時，每月減重不超過 0.5 公斤。

12到18歲：BMI超過 95百分位時，每周減重以1公斤為限。

生活型態介入

和成人肥胖大部分以藥物或甚至是手術方式來治療不同，兒童肥胖治療的主要目標是以建立健康的生活型態來改善身體和心理的狀態，因此大部分門診會提供給家長的建議都是以生活型態介入的建議事項為主，大致上可分為以下三項：

1. 飲食

兒童在成長的過程中仍需要大量的營養，因此現在已經不再常規建議肥胖兒童嘗試嚴格的飲食控制或是節食。取而代之的是以營造健康飲食環境為主，例如多在家中用餐、減少點心或零食的頻率、減少高熱量食物以及含糖飲料的攝取等等。

2. 運動以及身體活動

逐漸將孩子習慣的靜態生活習慣轉變成動態生活，等到累積了每天足夠的身體活動，再進一步培養規律的運動習慣。例如可以先從每日走路上下學、盡量選擇爬樓梯來逐步增加身體的活動量。研究顯示，降低學齡前兒童的靜態活動時間，對於兒童肥胖的防治有很顯著的影響。建議至少每周有三天固定運動，每次運動時長至少30到60分鐘，可以選擇有氧運動、負重活動或是柔軟度活動為主（詳見章節

3-4）。

3. 行為改變

　　建立良好的支持系統以及模仿的規範，可以很有效的促進肥胖兒童的減重效果，所以在門診當中我們很常建議爸爸媽媽一起參與生活型態的介入療程，而在追蹤的病童當中也不乏父母和孩子一起成功控制體重的案例。

藥物與手術治療

　　前面有提到，不建議將藥物或是手術治療作為兒童以及青少年肥胖的第一線治療，尤其是目前市面上的減重藥物都還沒有針對兒童的適應症。而對於12歲以上的青少年，的確有某些藥物短期內可以有效改善體重，但目前還缺乏長期性的研究證實這些治療在青少年身上的有效性以及安全性，因此通常是在生活型態介入的治療下體重控制不佳，才考慮輔以這些減重藥物來協助控制體重，且不建議長期使用。

　　減重手術更是在青少年的生長已達成人身高的前提下，如果有極度肥胖合併嚴重的共病症（詳見章節4-2），才會考慮更積極的手術介入。因為現在的減重手術都還是存在著潛在的副作用，需要終身監測是否有發生可能的併發症，並不是動完一個手術之後所有肥胖相關的問題就都可以一筆勾銷了。

結論

　　相信各位爸爸媽媽都已經了解到肥胖對於兒童或是青少年的危害是有多麼深遠的了，對於自己孩子的體重控制應該會多花一些心力注意。

　　不過在最後還是要提醒一下家長，兒童肥胖的控制最重要的還是生活型態的介入，而且如果是全家人一起努力控制體重的話效果會更加顯著。配合醫師安排的規律追蹤以及針對孩子的衛教才能改變肥胖纏身以及多種共病症可能會造成的健康危害。絕對不要聽信坊間流言或是廣告而隨意讓孩子嘗試市面上的減重祕方，以免孩子出現如心悸、血壓升高，或是腸胃不適等無預期的藥物不良反應。

樂高小重點

1. 肥胖兒童並不一定都需要減重，應該以不同年齡的BMI百分位作為介入的標準。
2. 兒童肥胖最重要的治療方法就是生活型態的介入，主要從以下三個方面：
   a. 飲食
   b. 運動以及身體活動
   c. 行為改變
3. 目前沒有任何「長期有效且安全的」藥物或手術治療可以用在肥胖兒童身上，大多數藥物或是減重手術在兒童以及青少年只有在特殊情況下會考慮。

4-4 | 長高路上的最大敵──含糖飲料

　　全臺灣的兒童肥胖比例逐年上升，其中有一個很大的影響因素就是因為現在各式含糖飲料的普及，讓兒童相當容易取得。根據最新的「國民營養健康狀況變遷調查」統計結果，有超過九成以上的兒童每周至少會攝取一次含糖飲料！太過頻繁的攝取含糖飲料除了會讓孩子有肥胖的問題，導致骨齡過早癒合、讓生長提前結束以外，爸爸媽媽知道喝太多含糖飲料也會影響生長激素的分泌，成為孩子長高路上的絆腳石嗎？

含糖飲料會讓生長激素停機

　　根據研究發現，小朋友在一次攝取大量糖份後（以一個體重25公斤的國小學生為例，大概是一杯500毫升全糖珍珠奶茶所含的糖分），會抑制生長激素的分泌效果長達2個小時。若喝2杯飲料，生長激素則會停機4小時，每天喝超過2、3杯以上，兒童的生長激素根本無法分泌，嚴重影響發育。

　　所以常常有很多家長回診的時候都會抱怨，「我們家小朋友都有持續在運動，怎麼都沒有長高？」

　　其實很多時候問題就在小朋友本身就有的不良飲食習慣。尤其是在運動過後，很多孩子都會去買含糖飲料如運動飲料或是碳酸汽水來解渴，不僅僅攝取了過多的熱量，造成孩子越運動越胖，同時也抑制了生長激素的分泌。

含糖飲料的其他壞處

　　含糖飲料除了造成兒童肥胖以及抑制生長激素的分泌以外，對於兒童的健康層面還有其他負面的影響：

1. 降低睡眠品質與學習能力

　　人工添加糖對於兒童來說相當於某種程度的興奮劑，攝取過量很容易造成孩子們產生焦慮、易怒、注意力不集中等症狀，降低其在學校的學習表現，同時也可能影響到他們的睡眠品質。

2. 容易出現蛀牙問題

　　根據研究顯示，兒童含糖飲料喝越多，造成蛀牙的機會就越高。尤其是大家最愛的碳酸飲料以及運動飲料這類酸性飲料，是會酸蝕牙齒的琺瑯質，讓蛀牙更容易發生。

3. 影響鈣質吸收及發育

　　除了習慣飲用含糖飲料會排擠日常乳製品的攝取，造成孩子每日所需的鈣質攝取不足以外，其中的酸性飲料更會影響鈣質的吸收以及利用，兩者作用都不利於孩子的生長發育。

結論

因為含糖飲料對孩子的生長發育以及健康有著許多不利的影響，因此一般來說會建議家長平常讓孩子補充水分時都以白開水或是鮮奶等乳製品為主，頂多偶爾可以嘗試一下百分之百的純果汁。因為原型食物中所含的天然糖份和一般食品當中添加的人工糖份還是不太一樣，只要把握好每日攝取的份量即可，不必完全避免接觸。

平時小朋友運動完之後，我都會建議可以補充一份鮮奶，不僅能補充水分和鈣質，還能夠同時補充優質蛋白質，刺激生長激素的分泌，這樣運動的效果一定能事半功倍。「遠離含糖飲料」這樣的好習慣，是很不容易培養起來，但相對很容易就被破壞的。如果能在孩子還小的時候就教導他們正確的知識，並且建立起良好的飲食習慣，這絕對是幫助他們生長發育的最大助力。

樂高小重點

1. 小朋友在一次攝取大量糖份後，會抑制生長激素的分泌長達兩個小時。
2. 含糖飲料的其他壞處：
   a. 降低睡眠品質與學習能力
   b. 容易出現蛀牙問題
   c. 影響鈣質吸收及發育
3. 建議平常以白開水以及鮮乳等乳製品當作孩子補充水分的來源。

特別篇 ｜ 新冠疫情下的性早熟

　　自從2020年新冠病毒肆虐全球以來，大部分國家在還沒有疫苗以及治療藥物的初期，大多以戴口罩、維持社交距離，甚至嚴格封城等措施來應對大規模的感染。而臺灣在政府以及人民的通力合作下，一直到了2021年5月才真正迎來第一波新冠病毒的挑戰，並且開始比較嚴格的封城管制措施。

　　按照常理來想，在大家都勤戴口罩並且減少外出活動的情況下，一般門診的門診量都會少很多，一來因為大家保護措施做得好比較少感冒，二來症狀不嚴重的話也盡量不前往醫療院所。不過就在一般兒科門診量大減的時期，我卻發現這段時間因為性早熟的問題而來成長門診諮詢的女生卻有增加的現象，這到底是怎麼回事呢？

疫情下女孩性早熟發生率增加

　　發現到這個現象之後，我就想了解一下外國其他比臺灣更早應對疫情衝擊的國家中，是不是也有觀察到這樣的發現。搜尋之後發現，受第一波疫情影響最嚴重的義大利，也有類似的狀況。由於從2020年3月開始就實施了嚴格的封城管制，義大利的內分泌科醫師

發現2020年3月到2020年7月間，女孩因為疑似性早熟而被轉診的個案，比前一年2019年同時段多出了一倍[1]。

而2022年《華盛頓郵報》也針對這個議題做出追蹤報導[2]，發現到隨著疫情的蔓延，女孩性早熟發生率上升的狀況不只有在特定區域發生，而是在全球都有這種對女孩發育造成的影響。讓人不得不進一步思考：有什麼可能會造成這樣的現象呢？

女孩性早熟發生率增加的可能原因

就目前現有的研究來看，專家認為在疫情期間女孩性早熟發生率大幅上升可能跟以下三個因素有關係：營養過剩、長時間接觸電子設備和心理壓力增加。

營養過剩

由於疫情的影響，孩子們被迫待在家中，藉由遠距教學跟上原本的教學進度。因為在家中攝取零食或高熱量食物的機會比在學校上課時更加容易，再加上很多家長此時也很常利用外帶或是外賣餐點來作為每日正餐。另外在疫情期間，很多戶外活動的場合都被限制，每日的運動量減少很多。

1 Stagi S, De Masi S, Bencini E, Losi S, Paci S, Parpagnoli M, Ricci F, Ciofi D, Azzari C. Increased incidence of precocious and accelerated puberty in females during and after the Italian lockdown for the Coronavirus 2019 (COVID-19) pandemic. Ital J Pediatr. 2020 Nov 4;46(1):165.
2 https://www.washingtonpost.com/lifestyle/2022/03/28/early-puberty-pandemic-girls/?fbclid=IwAR3zD6Es8XsBOg3sTTN0svWwKh0LEYpBUSr-nXbs9Byrsxy7f3qHY0wem2k

所以很多女孩在停課或是在家居隔的期間，體重的數字很容易像坐電梯一樣直線上升。而我們也知道，營養過剩（或是肥胖）更是造成女孩性早熟的重要原因之一（詳見章節2-7）。

長時間接觸電子設備

由於防疫的考量，世界各地在疫情最嚴重的時候紛紛讓孩子們在家採取遠距教學的方式，希望兼顧孩子的學習以及疫情的控制；再加上戶外活動的時間被大幅度的限制，孩子在家中使用電子設備以及觀看螢幕的時間和疫情前相比明顯增加很多。

研究人員發現，長時間使用螢幕，尤其是在睡前使用，可能會降低腦中褪黑激素的分泌（詳見章節3-3），而目前一般認為褪黑激素減少會加速青春期的發展。

心理壓力增加

原本熟悉的校園生活因為疫情爆發嘎然而止，原本天天見面的好朋友突然沒有辦法見面了，這樣劇烈的變動對於孩子來說也是一股無形的壓力。另外一方面，在家裡和爸爸媽媽相處的時間變長，親子之間產生摩擦的機會也跟著增加。相信很多家長聽到政府宣佈停課的時候，心裡都會有一股無奈油然而生，其實在孩子的心中何嘗不是呢？

一直以來專家都有一個共識：心理壓力是造成性早熟的原因之一。會有這樣的共識是因為大家觀察到一個現象：被跨國領養的女孩

發生性早熟的比例特別高。而突然居隔在家孩子們和這些被跨國領養的孩子在某些方面有著相似的處境：被迫脫離熟悉的生活圈，必須重新適應的生活習慣。

結論

　　疫情的爆發不只是影響到我們的生活，同時也有可能對孩子的生長發育造成不小的影響。雖然全世界慢慢朝著與病毒共存的方向前進，但由於大規模的感染到目前為止仍然方興未艾，什麼時候又出現難以控制的變種病毒也不是我們可預期的，所以之後還是有可能需要參考之前的經驗，來降低疫情封城或是居隔期間對孩子們發育產生的影響。在這邊提出幾個可以努力的方向：

1. 控制體重

　　像是減少在家中頻繁食用高熱量的垃圾食物或是含糖飲料。不過不只是注意食物的種類需要注意，同時也要減少塑化劑或是環境荷爾蒙的暴露，例如避免喝手搖杯飲料，裝盛食物的容器選擇陶瓷或玻璃製品等（詳見章節2-8）。同時每天測量體重，都能有效幫助孩子在居隔期間有效控制體重。

2. 減少電子設備使用時間

　　除了必要的課程需要以外，限制孩子們螢幕接觸的時間，尤其是睡覺前盡量以閱讀書籍等靜態活動代替手機、平板、電腦等設備的使用。或是培養適合的室內運動項目，如跳繩、簡單的重量訓練等，

既可以減少孩子接觸電子設備的時間，對於體重的控制也有助益。

3. 保持愉快的心情

　　相信這也是最難的一點，因為在家相處時間變長了，親子間產生的不愉快一定也跟著增加。俗話說：「Happy mommy，happy family。」身為家長的在這種特殊狀況下，更需要帶領著孩子進一步摸索如何調適面對這些劇烈的變化。所以建議爸爸媽媽們要多注意自己的情緒以及心情，在擔心孩子的生長發育的同時，也多關心自己的身心狀況。相信如果家長能夠以比較心平氣和的態度來面對孩子成長發育所遇到的困難，對他們來說也是紓解壓力、降低性早熟發生的方法之一。

1. 在新冠疫情的影響下，全球都有發現在嚴格封城或是隔離的期間，女孩子發生性早熟的比例明顯的上升。
2. 產生這種現象的可能原因有三個：
   a. 營養過剩
   b. 使用螢幕時間過長
   c. 心理壓力的增加
3. 可以從以下三個方面來應對這樣的變化：
   a. 嚴格控制體重
   b. 減少使用電子設備的時間
   c. 保持愉快的心情

後語
給爸爸媽媽的一則鼓勵

　　因為平時有創立一個粉絲團，分享一些關於生長發育的最新醫學常識，所以很常有家長會利用私訊的功能和我討論孩子的生長問題，其中有一位媽媽的來訊最讓我印象深刻：「陳醫師您好，自從我發現我女兒九歲多初經就來了以後，我每天都睡不著，擔心她以後不會再長高了。但前幾天到您門診諮詢過後，心情就輕鬆很多，比較睡得好了。之後會依照醫師的建議，持續追蹤，希望她能多長一點。」

　　就是這則家長的來訊，讓我動了完成這本書的念頭。現在不管是傳統媒體的廣告上，或是網路各式新媒體提供的資訊中，每每都在恐嚇家長：「你的孩子不夠高！」，卻幾乎找不到可信賴的資料來源來跟家長解釋，什麼樣的生長發育是正常的。而在門診當中，九成以上因為家長擔心有生長問題的孩子在經過初步評估之後，是不需要進一步治療的。所以我最希望這本書能給家長的觀念是：什麼樣的生長發育過程是正常的。

　　在這個少子化而且越來越注重外表的時代，爸爸媽媽們希望自己的孩子能夠高人一等的心情我完全可以感同身受。其實在門診當中我也發現到，很多家長對孩子的生活作息安排，都已經很注重在如何幫助孩子長得更高了。希望看完這本書的家長，能夠有足夠的知識和自信來安排孩子的生活作息，陪伴寶貝們快樂長高！

〈參考文獻 & 引用資料〉

序號	頁碼	內文與圖表	文獻 & 資料出處
1	19	圖1-1 兒童生長軌跡	Karlberg J. et al. *Acta Paed Scand* 1987; 76:478-88
2	31	圖1-4 身高分布圖	Bang P. *Ped Endocrinol Rev* 2008; 5:841–6
3	47	圖1-7-1 生長激素作用示意圖	medlineplus，https://reurl.cc/QWAZY0。
4	61	圖2-1-1 第二性徵發育的順序以及時間點	Arch Dis Child. 1970 Feb; 45(239): 13–23.
5	63	圖2-1-3 青春期各階段的生長速率	Nelson Textbook of Pediatrics E-Book FIG.110-3
6	64	圖2-1-4 青春期各階段的生長速率	Nelson Textbook of Pediatrics E-Book FIG.110-4
7	67	圖2-2-1 全球女孩青春期開始年齡	Worldwide Secular Trends in Age at Pubertal Onset Assessed by Breast Development Among Girls: A Systematic Review and Meta-analysis. JAMA Pediatr. 2020 Apr 1;174(4):e195881.
8	68	圖2-2-2 1975-2015 年間女孩胸部發育變化	黃世綱醫師部落格「剛剛好醫師-兒童內分泌Dr. 黃世綱」https://reurl.cc/oZoNxg，2022年1月18日。
9	68-69	內文P68-69然而，從兒科醫生們開始關注孩子們的生長發育以來……發現這段時間女孩胸部發育的年紀大約每隔10年就會提前近三個月。「女孩青春期開始的時間提前」的趨勢是屬於全球性的趨勢……所以女兒青春期開始的年紀比媽媽早個一年已經不是少見的狀況。	黃世綱醫師部落格「剛剛好醫師-兒童內分泌Dr. 黃世綱」https://reurl.cc/oZoNxg，2022年1月18日。
10	74	圖2-3 性釋素刺激檢查的判讀	黃世綱醫師部落格「剛剛好醫師-兒童內分泌Dr. 黃世綱」https://reurl.cc/x1jYQE，2022年12月16日。
11	90	圖2-7-1 乳房發育的譚納式分期（Tanner stage）	Arch Dis Child. 1969 Jun; 44(235): 291–303.
12	93	圖2-7-2 1997 ～ 2013 年女孩進入青春期的年紀	作者改自Pediatrics December 2013, 132(6) 1019-1027
13	97	圖2-8 環境荷爾蒙對人體的危害	環保署毒物及化學物質局環境賀爾蒙資訊網站，https://reurl.cc/gQyaG7，2019年8月1日。
14	101	圖2-9 常見環境荷爾蒙種類及用途	環保署毒物及化學物質局環境賀爾蒙資訊網站，https://reurl.cc/91NRv8，2019年8月1日。
15	115	圖3-3-1 晚睡影響生長激素分泌	作者改自ref: J Clin Invest. 1968 Sep; 47(9): 2079–2090
16	118	圖3-3-2 藍光影響褪黑激素分泌	第一醫院，https://reurl.cc/X5MmRa，2020年9月29日。
17	121	圖3-4 運動刺激生長激素分泌	J Appl Physiol (1985). 1999 Sep;87(3):1154-62.
18	127	表3-5 常見高鈣食物的鈣質含量	台灣食品成分資料庫，https://reurl.cc/58WODG，2022年10月20日。
19	130	表3-6 常見高鋅食物	HEHO，https://heho.com.tw/archives/69512，2020年2月21日。
20	141	圖3-9-2 包埋式陰莖	加和專科中心，https://reurl.cc/QWAZ50。
21	142	表3-9 臺灣男童正常陰莖長度	Penile length of normal boys in Taiwan Acta Paediatr Taiwan 2006 Nov-Dec;47(6):293-6.
22	154	表4-1 男女各年紀體重過重及肥胖標準	衛福部國民健康署，https://reurl.cc/ROGzqz，2021年6月21日。
23	161	表4-3 兒童建議減重的目標	衛福部國民健康署，《兒童肥胖防治實證指引》p.70，https://reurl.cc/YdN0Y4。

國家圖書館出版品預行編目(CIP) 資料

打造黃金發育力：掌握發育關鍵×飲食作息對策×
生長問題治療，兒童內分泌專科醫師寫給父母的
全方面生長指南／陳奕成著. -- 初版. -- 臺北市：
臺灣東販股份有限公司, 2023.01
176面：14.8×21公分

ISBN 978-626-329-614-5（平裝）

1.CST：育兒 2.CST：兒童發展生理

428   111018546

打造黃金發育力
掌握發育關鍵×飲食作息對策×生長問題治療，兒童內分泌專科醫師寫給父母的全方面生長指南

2023年1月1日初版第一刷發行
2024年2月1日初版第二刷發行

著　　者　　陳奕成
編　　輯　　王靖婷
封面設計　　水青子
發 行 人　　若森稔雄
發 行 所　　台灣東販股份有限公司
　　　　　　＜地址＞台北市南京東路4段130號2F-1
　　　　　　＜電話＞(02) 2577-8878
　　　　　　＜傳真＞(02) 2577-8896
　　　　　　＜網址＞http://www.tohan.com.tw
郵撥帳號　　1405049-4
法律顧問　　蕭雄淋律師
總 經 銷　　聯合發行股份有限公司
　　　　　　＜電話＞(02) 2917-8022